Pantone
标准设计与印刷色谱
（哑光版）

刘武辉　吴莺主编

 化学工业出版社

Pantone 色谱是享誉世界的色彩权威，涵盖设计、印刷、纺织、塑胶、绘图、数码科技等领域，已经成为当今交流色彩信息的统一标准。本书采用符合 Pantone 四色标准的油墨印刷，通过技术控制手段使色谱颜色和 Pantone 原版的色差小于视觉能识别的阈限。与一般色谱书不同的是本书在颜色设计上选择了更多的浅色颜色，进行差异化设计，采用的浅色有 C，M，Y 的 5%、8%、10%、15% 等组合。本色谱在哑光铜版纸和亮光铜版纸上分别印刷，本书为哑光版。

本书适用于美术设计人员和印刷从业人员。

图书在版编目（CIP）数据

Pantone 标准设计与印刷色谱：哑铜版 / 刘武辉，
吴莺主编 . -- 北京 ： 化学工业出版社，2012.5
ISBN 978-7-122-13803-3

Ⅰ．①P… Ⅱ．①刘… ②吴… Ⅲ．①标准色谱 Ⅳ．
①O657.7

中国版本图书馆CIP数据核字（2012）第 046966 号

责任编辑：张彦 陈敏　装帧设计：韩芷莹

出版发行：化学工业出版社（北京市东城区青年湖南街 13 号　邮政编码 100011）
印　　装：北京华联印刷有限公司
889mm×1194mm　1/20　印张 10　2013 年 1 月北京第 1 版第 1 次印刷

购书咨询：010-64518888（传真：010-64519686 ）　售后服务：010-64518899
网　　址：http://www.cip.com.cn
凡购买本书，如有缺损质量问题，本社销售中心负责调换。

定价：280 元

本色谱的技术参数

印刷用纸：华夏太阳157g 哑光铜版纸，L=94.53 a=1.01 b=－3.83

印刷油墨：用Pantone 认证的杭华油墨艾丽原色蓝M、原色红M、原色黄M、原色黑M作为青、
品红、黄、黑四色墨。青L=55.66 a=-33.92 b=-53.75；品红 L=48.26 a=75.17
b=-3.05；黄L=90.23 a=-6.47 b=88.43；黑L=17.20 a=0.01 b=1.81。

四色油墨印刷顺序：黑（K）－青（C）－品红（M）－黄（Y）。

油墨实地密度：K 1.66 C 1.44 M 1.42 Y 0.95

加网角度：C75° M45° Y90° K15°

网点形状：圆方网点

50％网点扩大：C12% M14% Y12% K13%

加网线数：200LPI

印版输出网点误差：0.5%

印版：FUJIFILM FDT-500

印刷机：海德堡CD102四色印刷机

印刷速度：8000张/小时

本色谱的阅读方法

  本色谱以单页为单元进行查阅，每页上方的色块表示该页颜色所用到的 C、M、Y、K 基本颜色，这些基本颜色上的数字表示该颜色在该页的网点大小或者网点变化范围。例如在 C 色上数字为"5%-100%"，表示该页每个色块的 C 含量是变化的，C 色变化范围为 5%-100%；又如在 K 色上标示了"40%"，则表示该页所有颜色都含有 40% 的 K。

  查询每页上色块的颜色值的方法为坐标查询法。每页水平排列的圆圈和垂直排列的圆圈相当于纵、横坐标，圆圈上标示的数值是对应的行和列的单色网点大小，每个色块的网点大小由该色块对应的水平方向圆圈和垂直方向的圆圈上的数值加上该页的其它颜色构成。如水平排列的某圆圈上的数值为 C20%，则该列所有色块的 C 网点大小为 20%；又如垂直方向排列的某圆圈上的数值为 M50%，则该行所有的色块的 M 网点大小为 50%；如果该对页的第三、四色为 Y40%，K30%，则该页的所有色块的 Y 网点大小为 40%, K 网点大小为 30%；位于该页的 C20%、M50% 交叉处的色块的网点值读数为 C20%M50%Y40%K30%。

目　　录

5%-100% 5%-100%

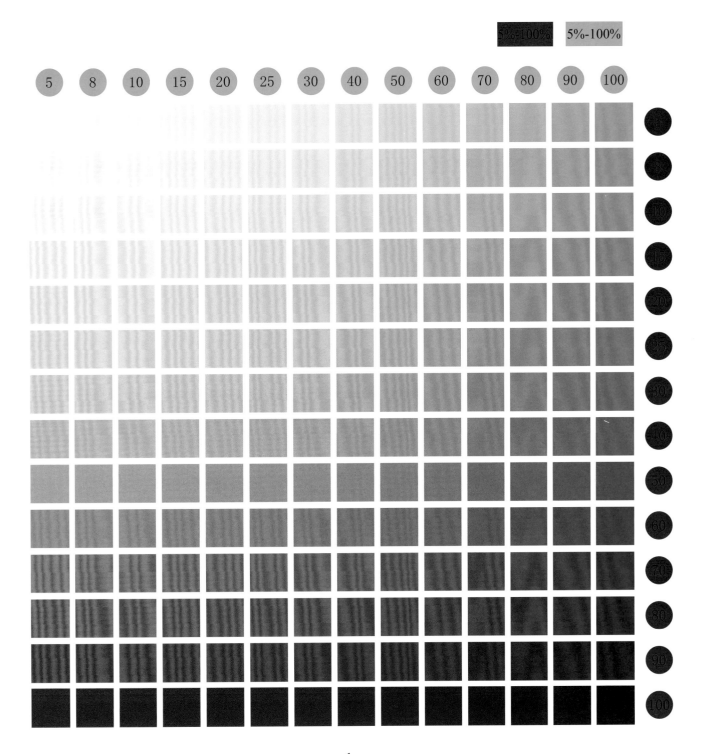

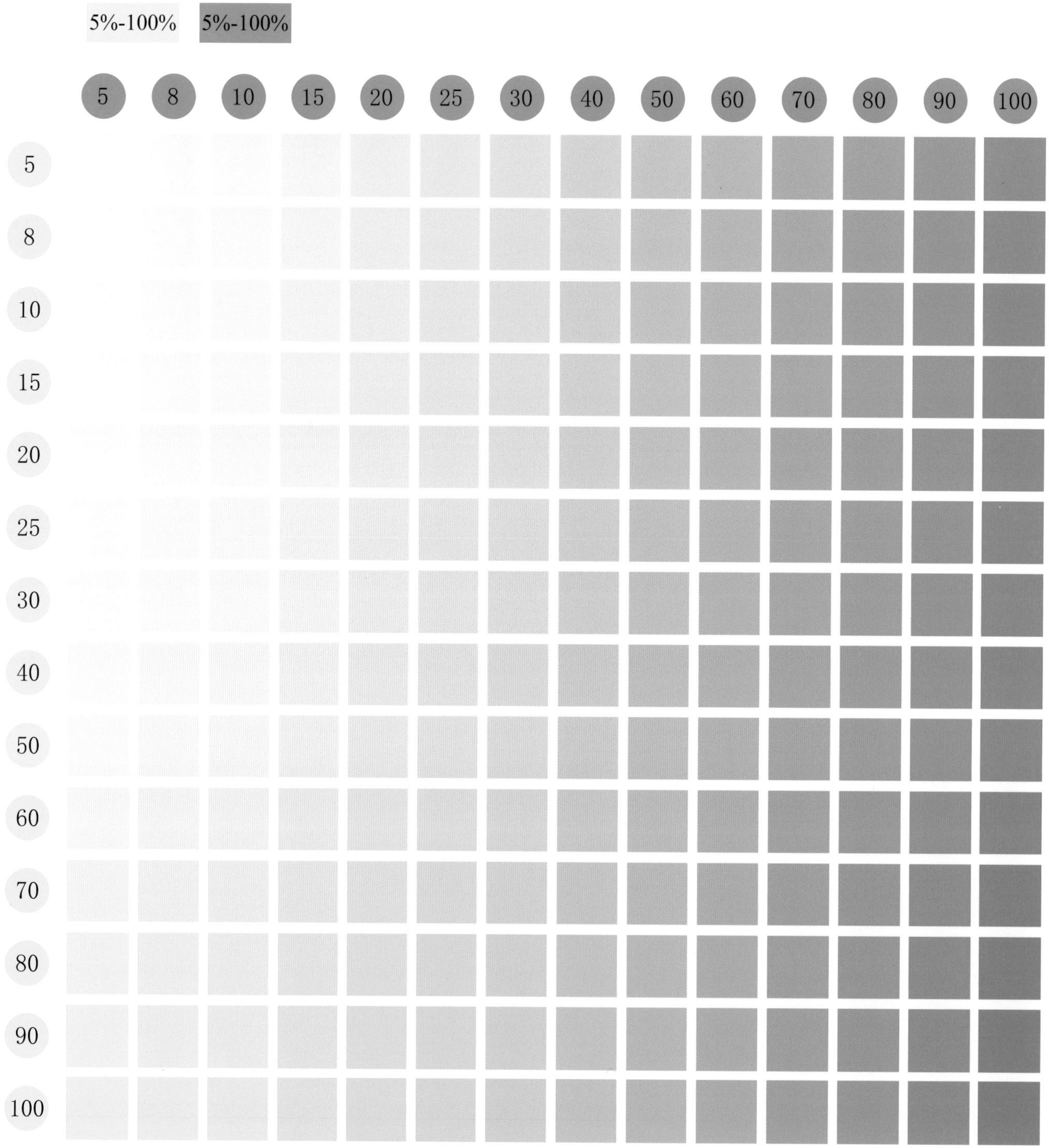

5%-100%　　5%-100%

	5	8	10	15	20	25	30	40	50	60	70	80	90	100
5														
8														
10														
15														
20														
25														
30														
40														
50														
60														
70														
80														
90														
100														

5%-100% 5%-100%

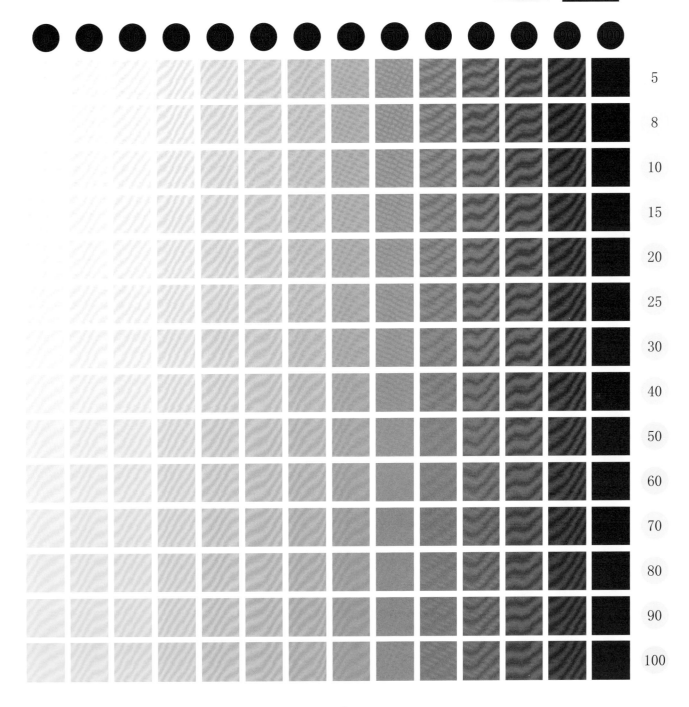

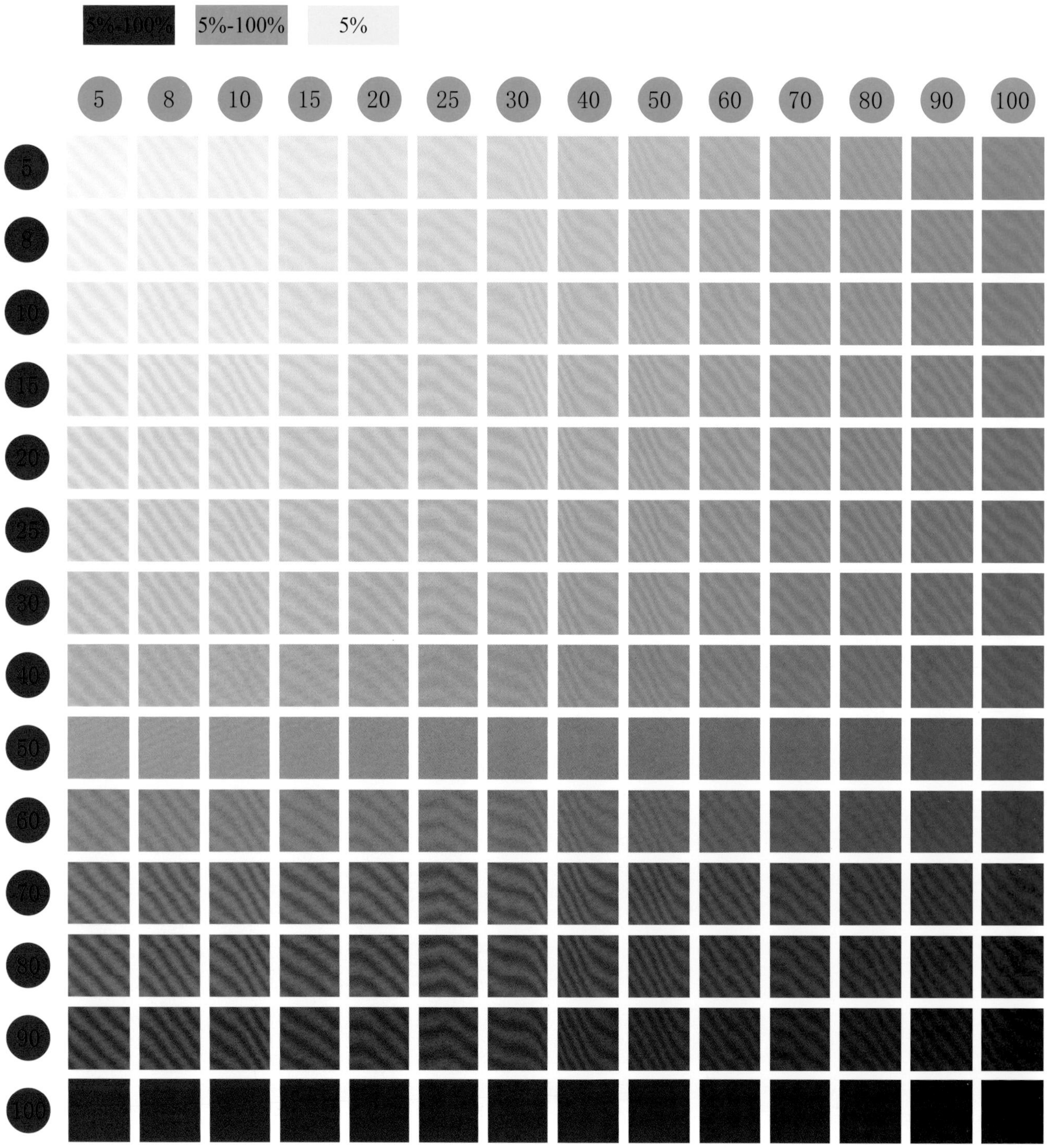

5%-100%	5%-100%	5%

5%-100%　5%-100%　8%

5
8
10
15
20
25
30
40
50
60
70
80
90
100
5
8
10
15
20
25
30
40
50
60
70
80
90
100

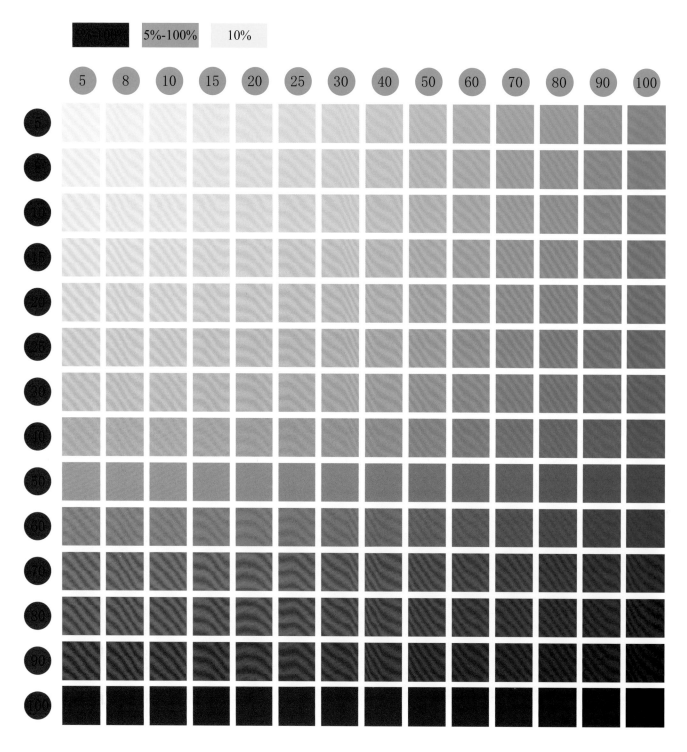

5%-100%　5%-100%　15%

5
8
10
15
20
25
30
40
50
60
70
80
90
100
5
8
10
15
20
25
30
40
50
60
70
80
90
100

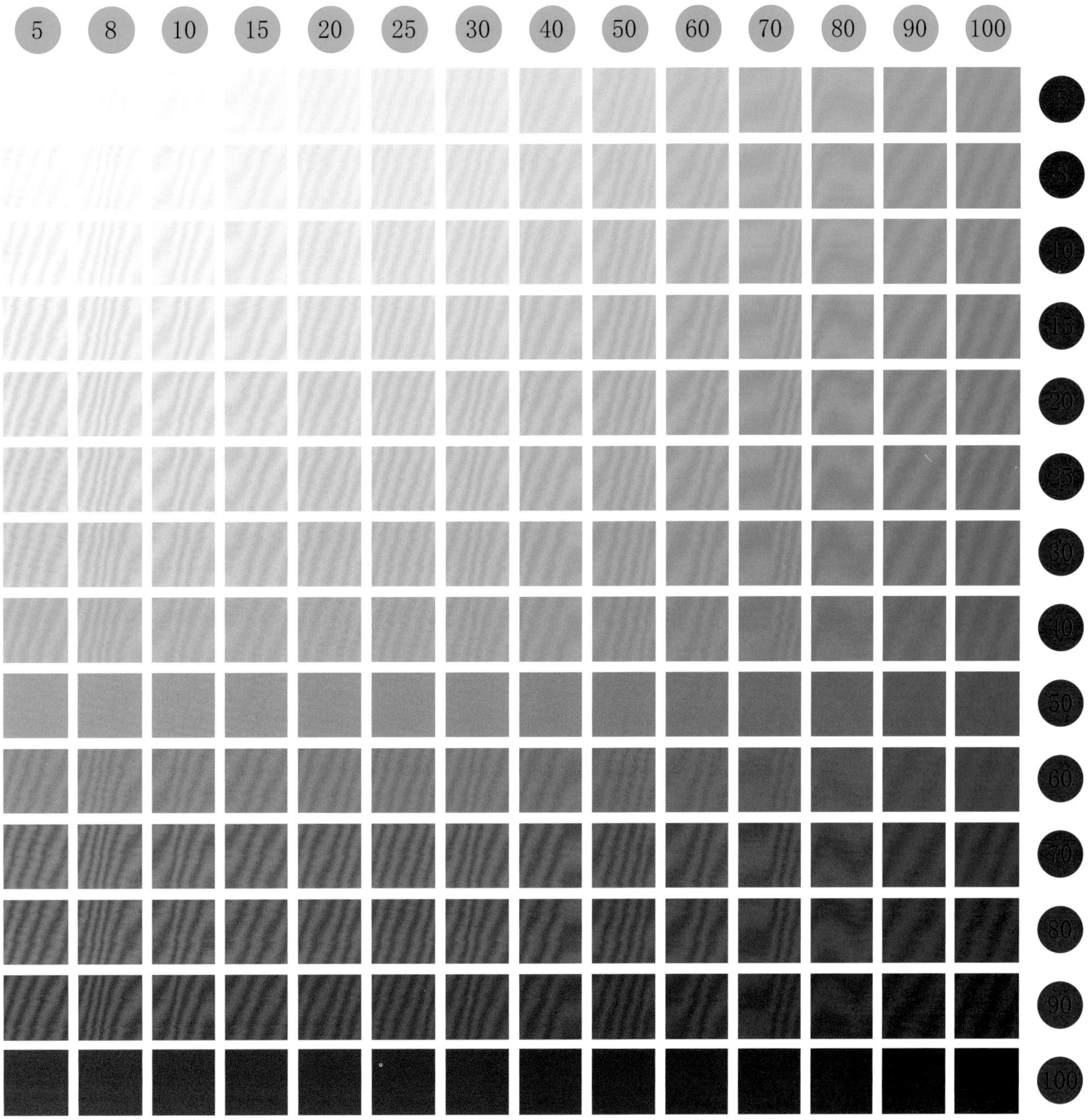

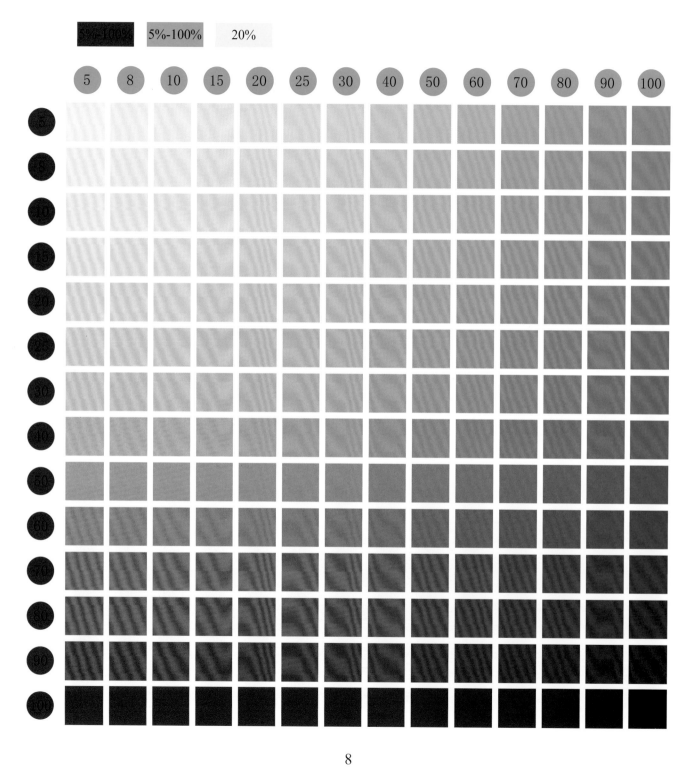

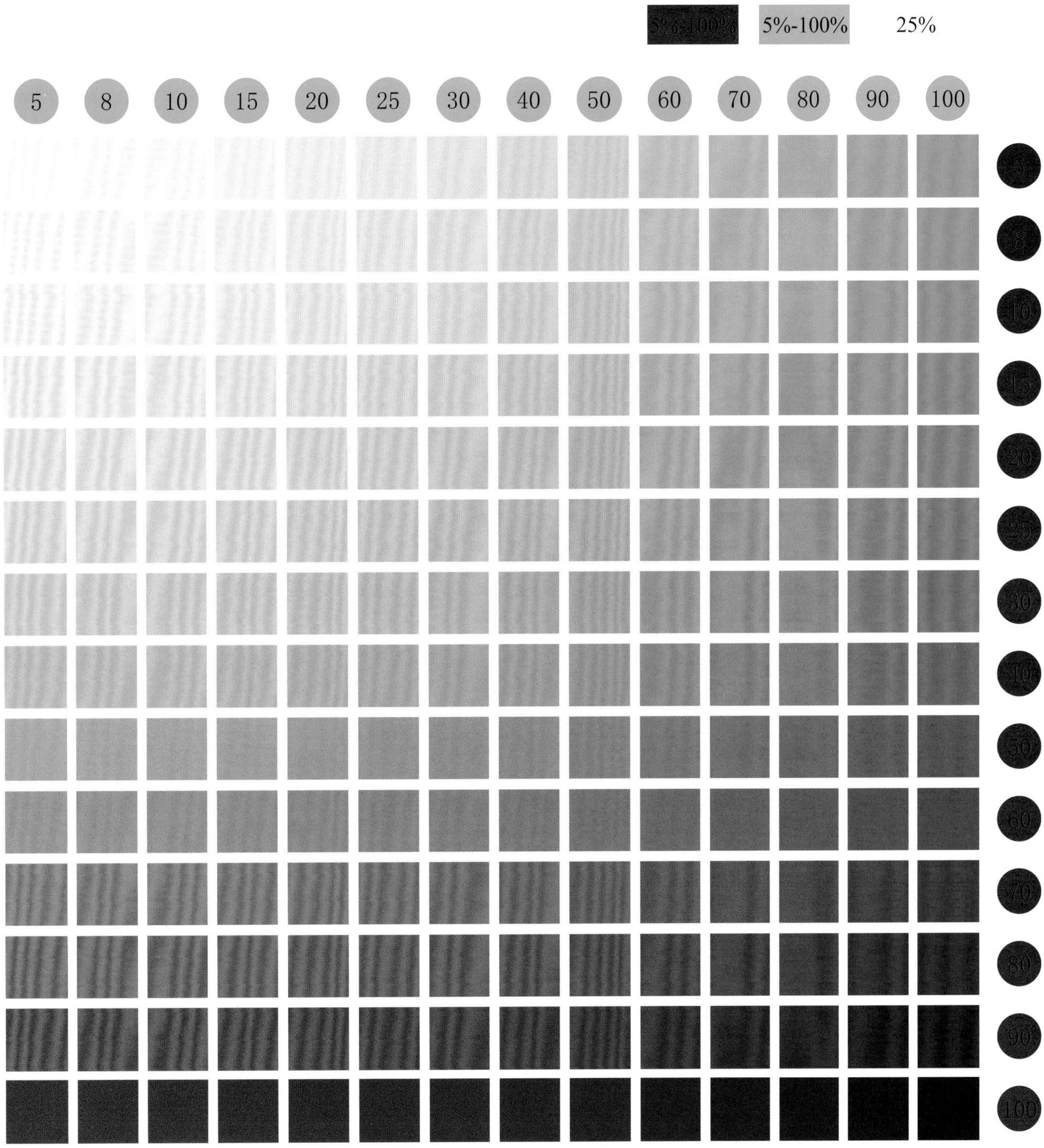

| 5%-100% | 5%-100% | 25% |

| 5 | 8 | 10 | 15 | 20 | 25 | 30 | 40 | 50 | 60 | 70 | 80 | 90 | 100 |

| 5%-100% | 5%-100% | 30% |

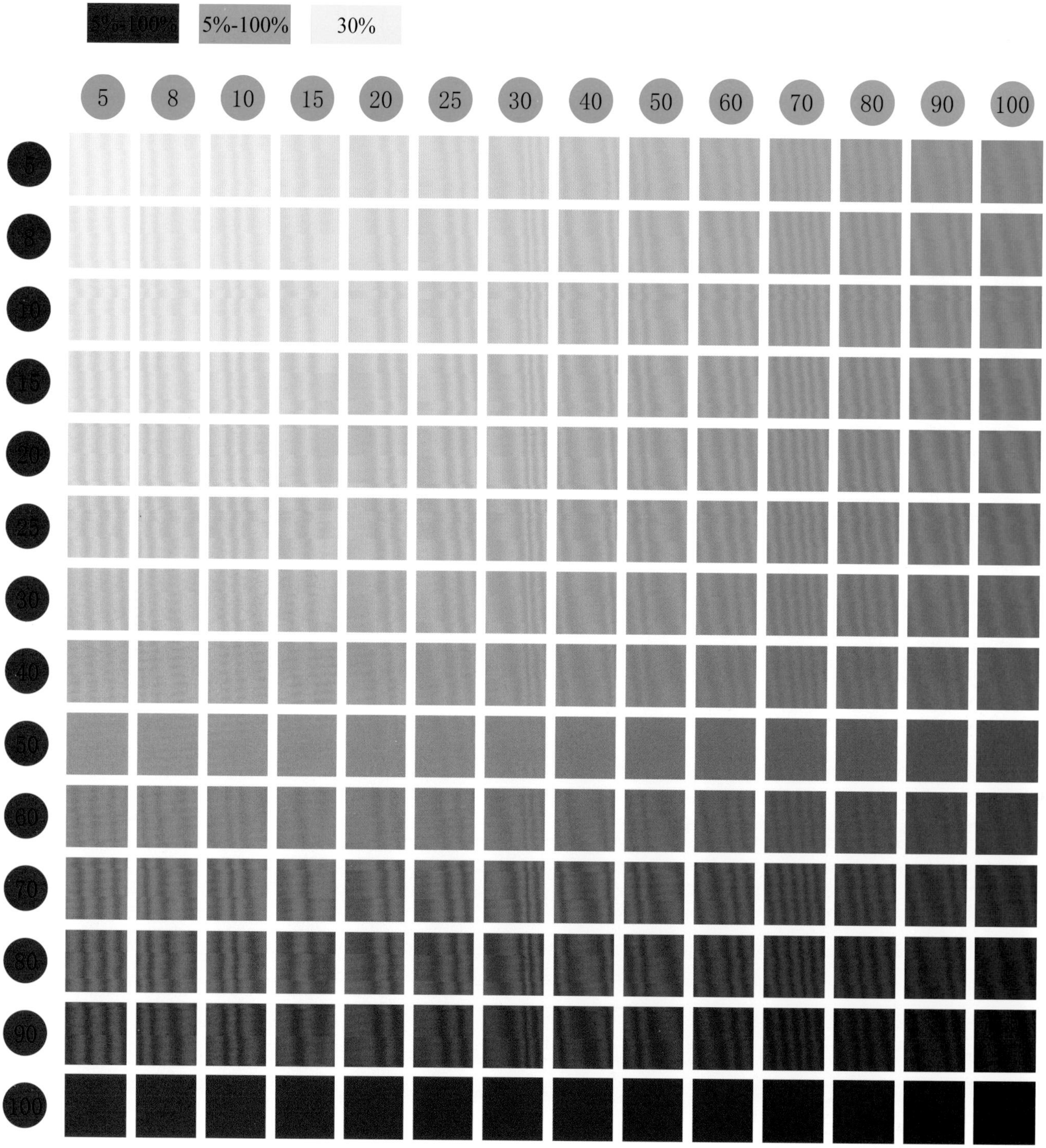

	5	8	10	15	20	25	30	40	50	60	70	80	90	100
5														
8														
10														
15														
20														
25														
30														
40														
50														
60														
70														
80														
90														
100														

5%-100%	5%-100%	35%

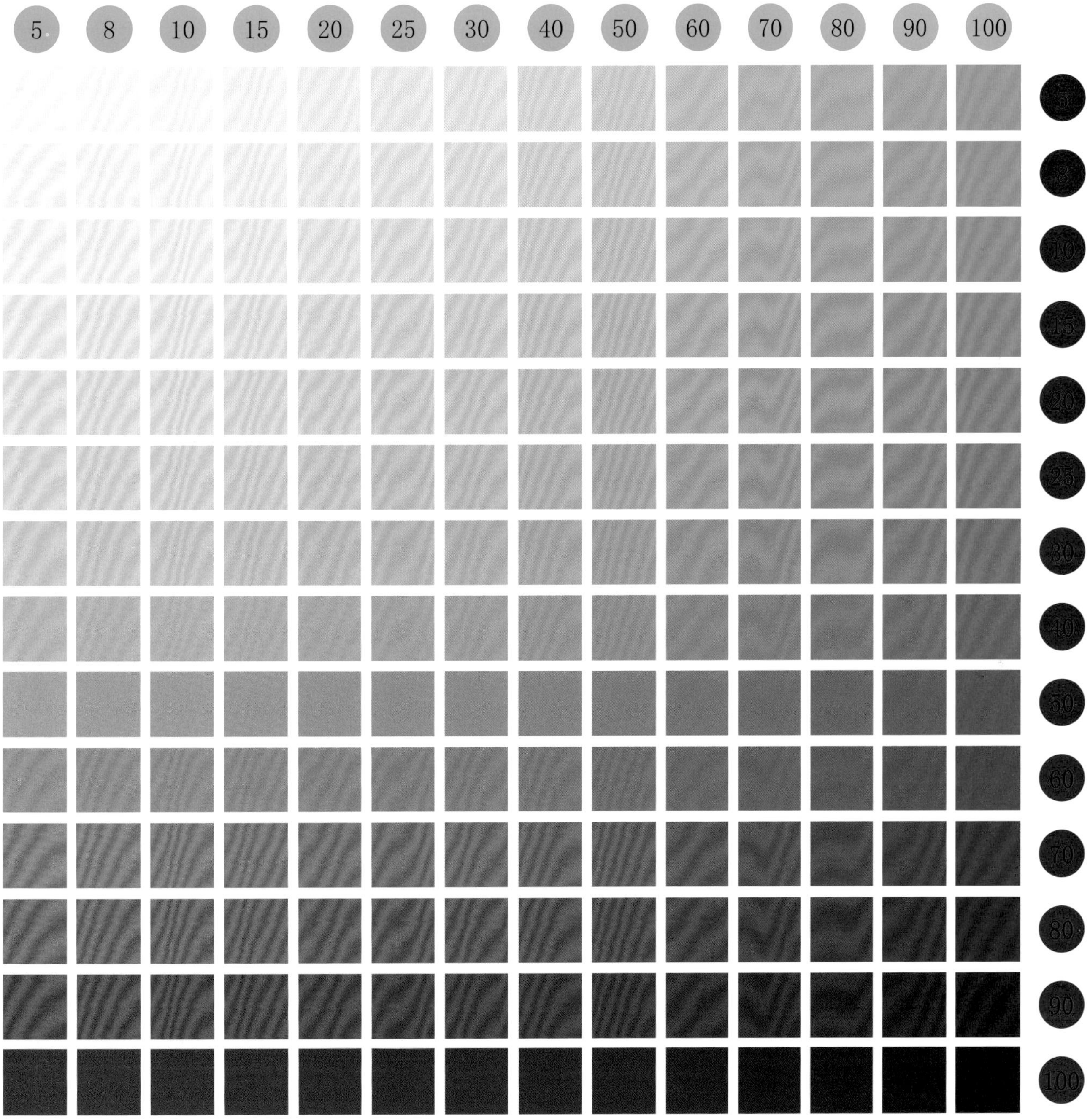

5	8	10	15	20	25	30	40	50	60	70	80	90	100

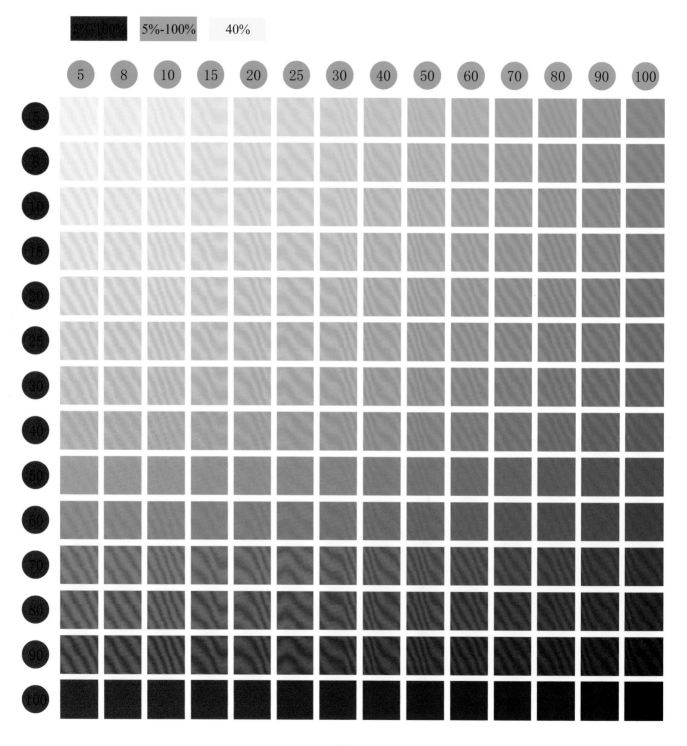

%-100%　5%-100%　45%

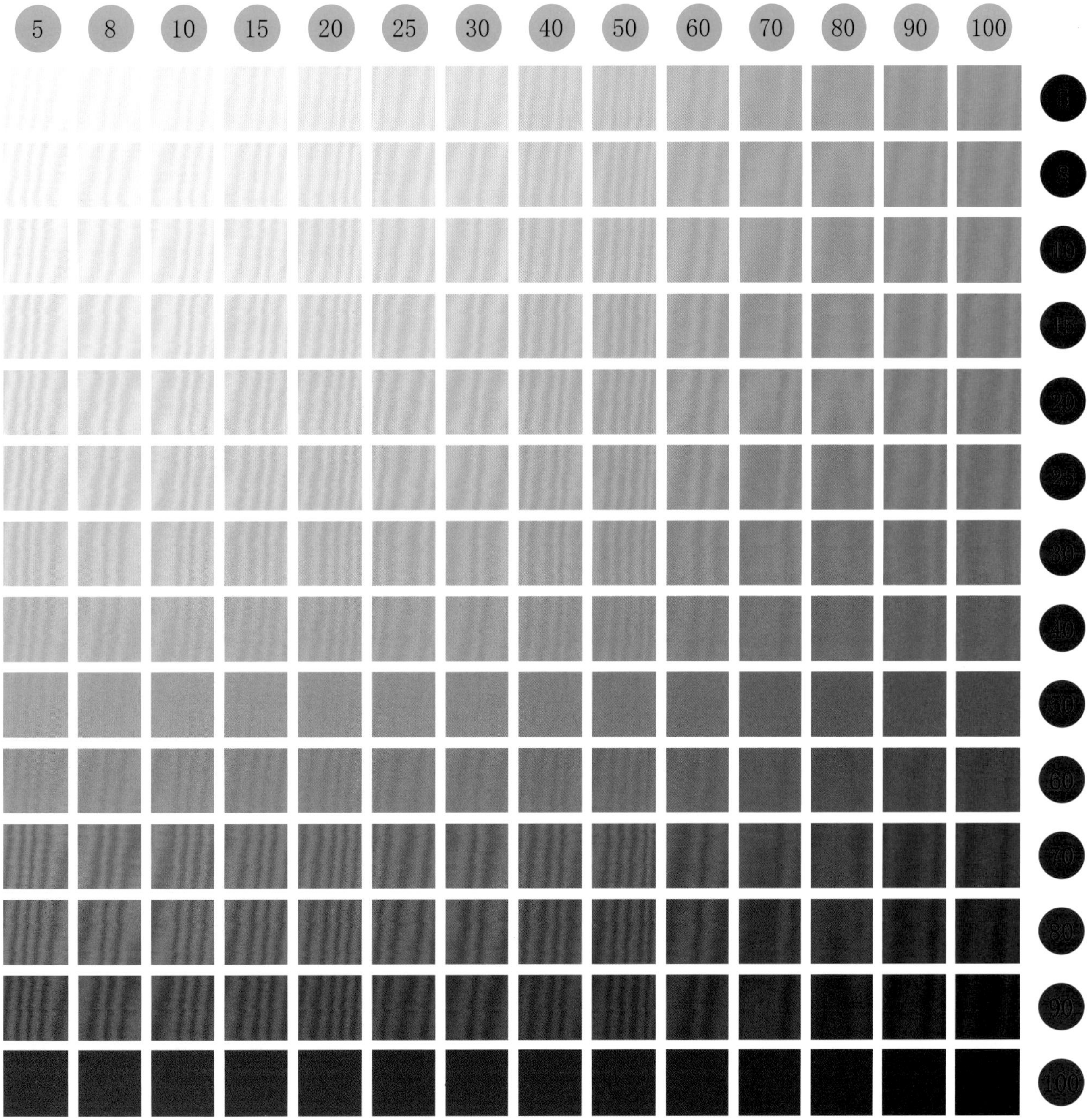

(5) (8) (10) (15) (20) (25) (30) (40) (50) (60) (70) (80) (90) (100)

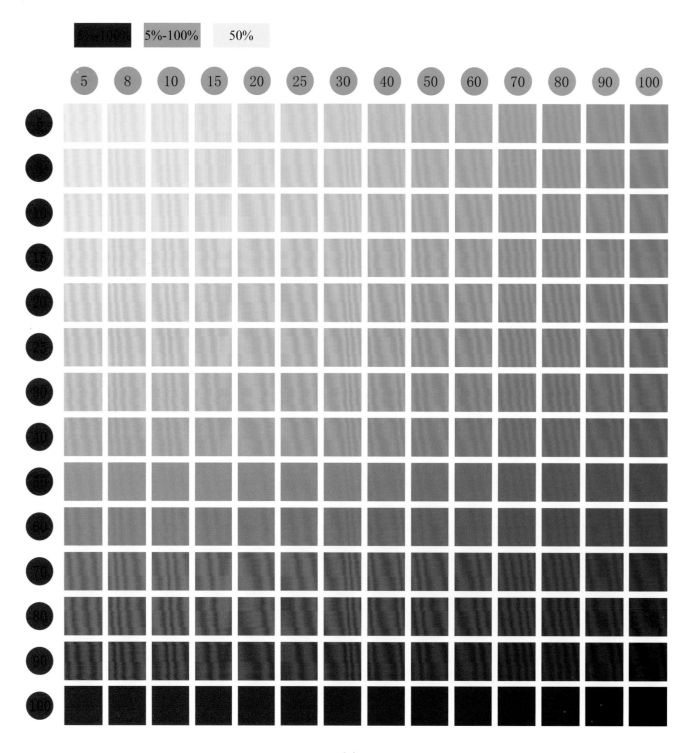

5%-100% 5%-100% 55%

5 8 10 15 20 25 30 40 50 60 70 80 90 100
5
8
10
15
20
25
30
40
50
60
70
80
90
100

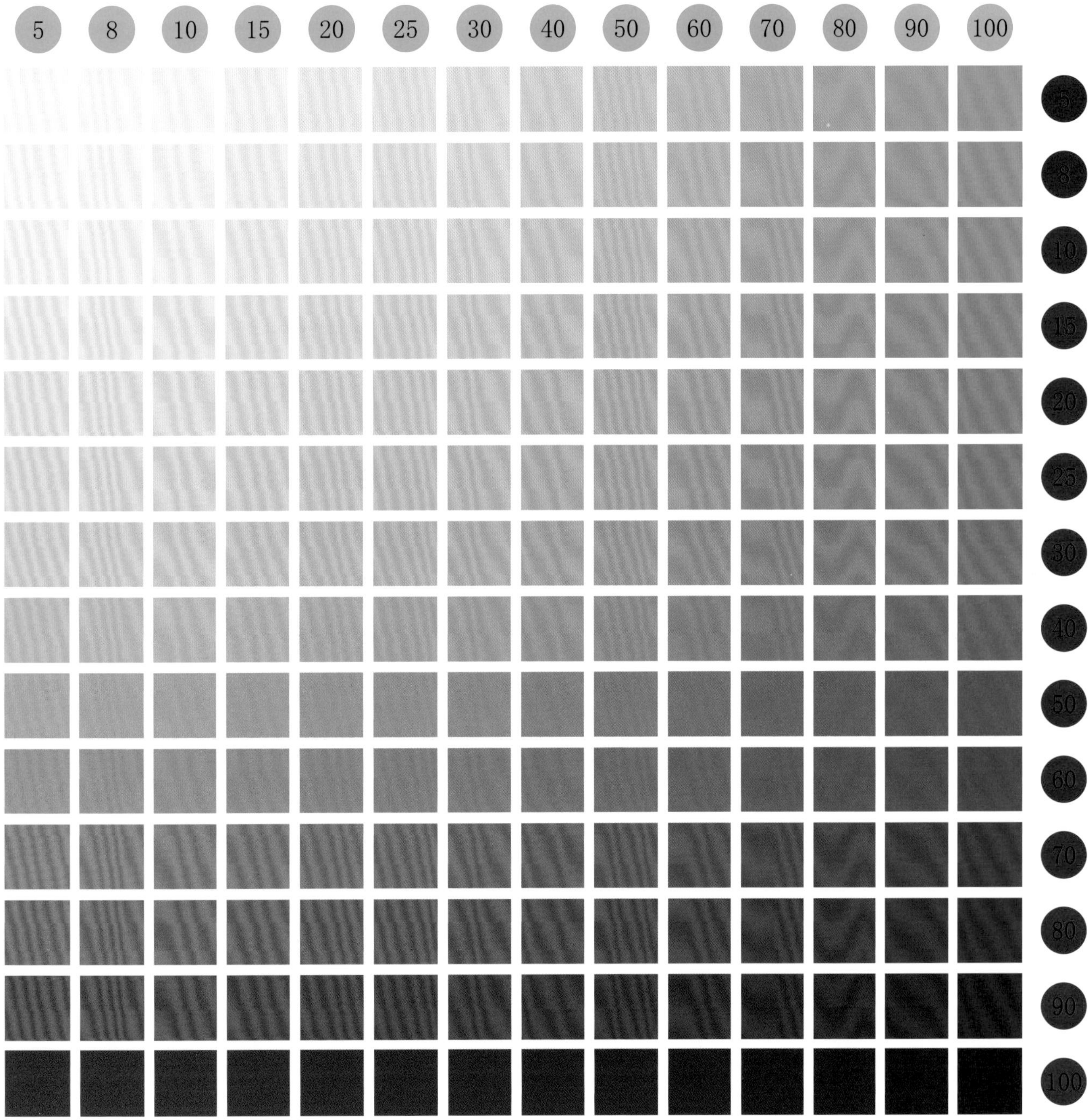

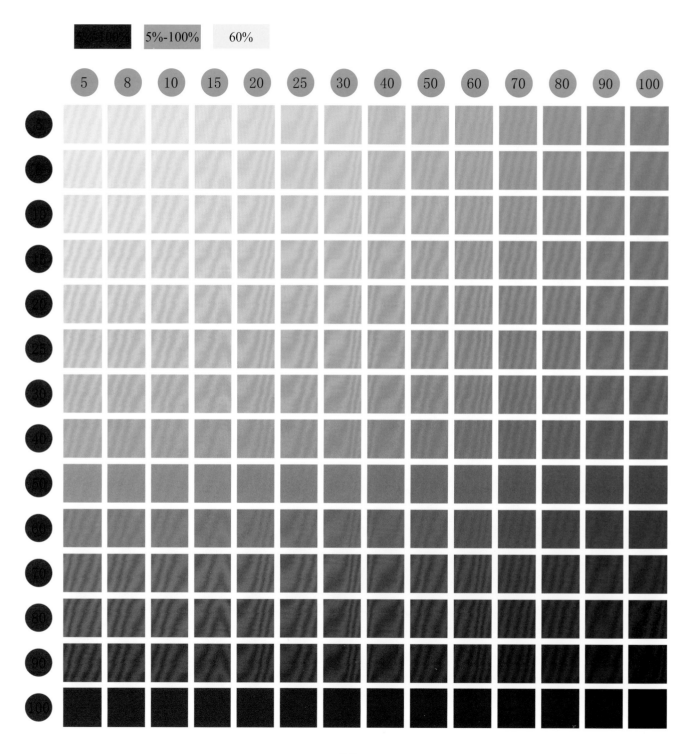

5%-100% 5%-100% 70%

5 8 10 15 20 25 30 40 50 60 70 80 90 100
5
8
10
15
20
25
30
40
50
60
70
80
90
100

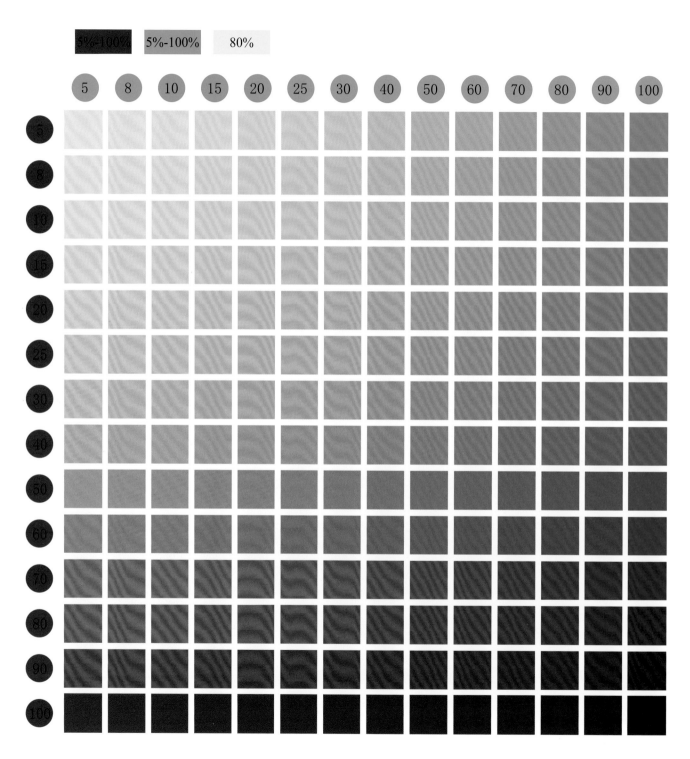

5%-100% 5%-100% 90%

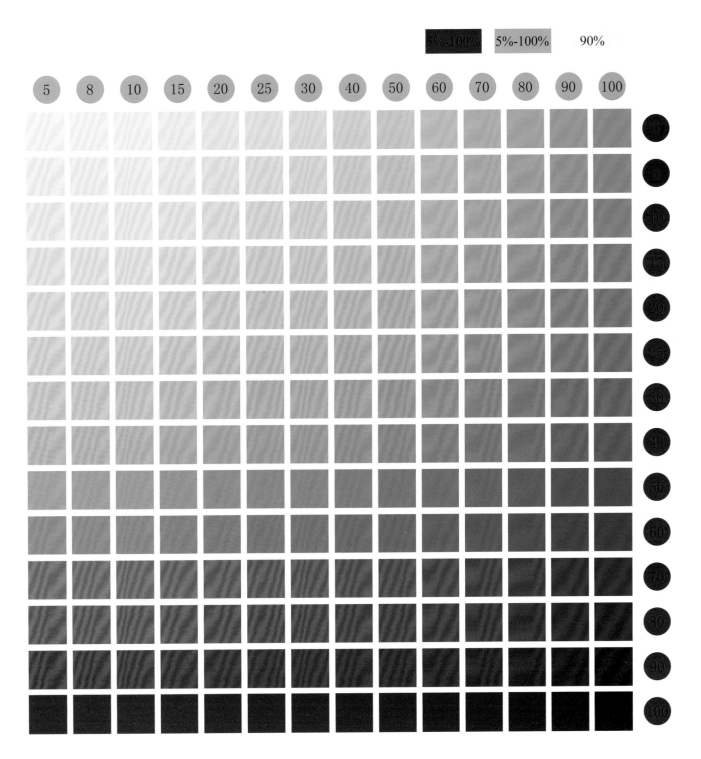

5%-100% 5%-100% 100%

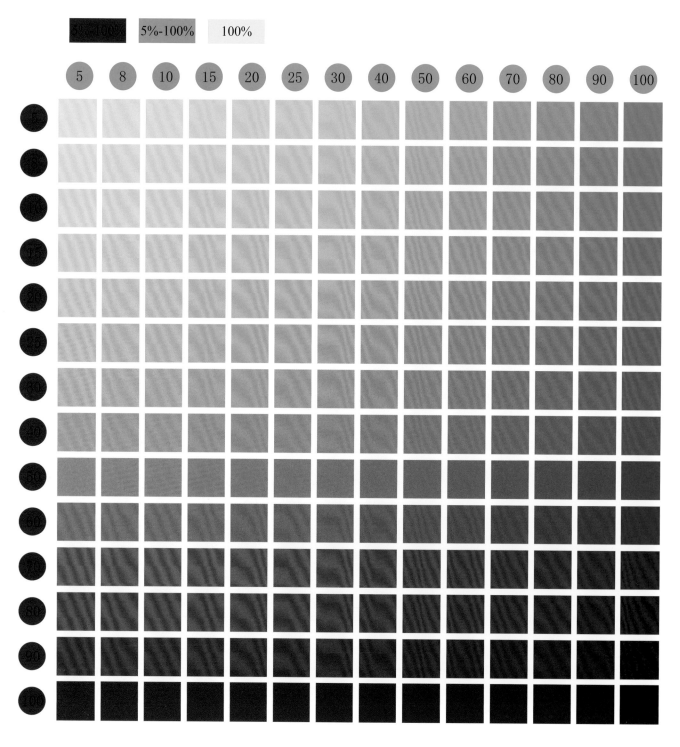

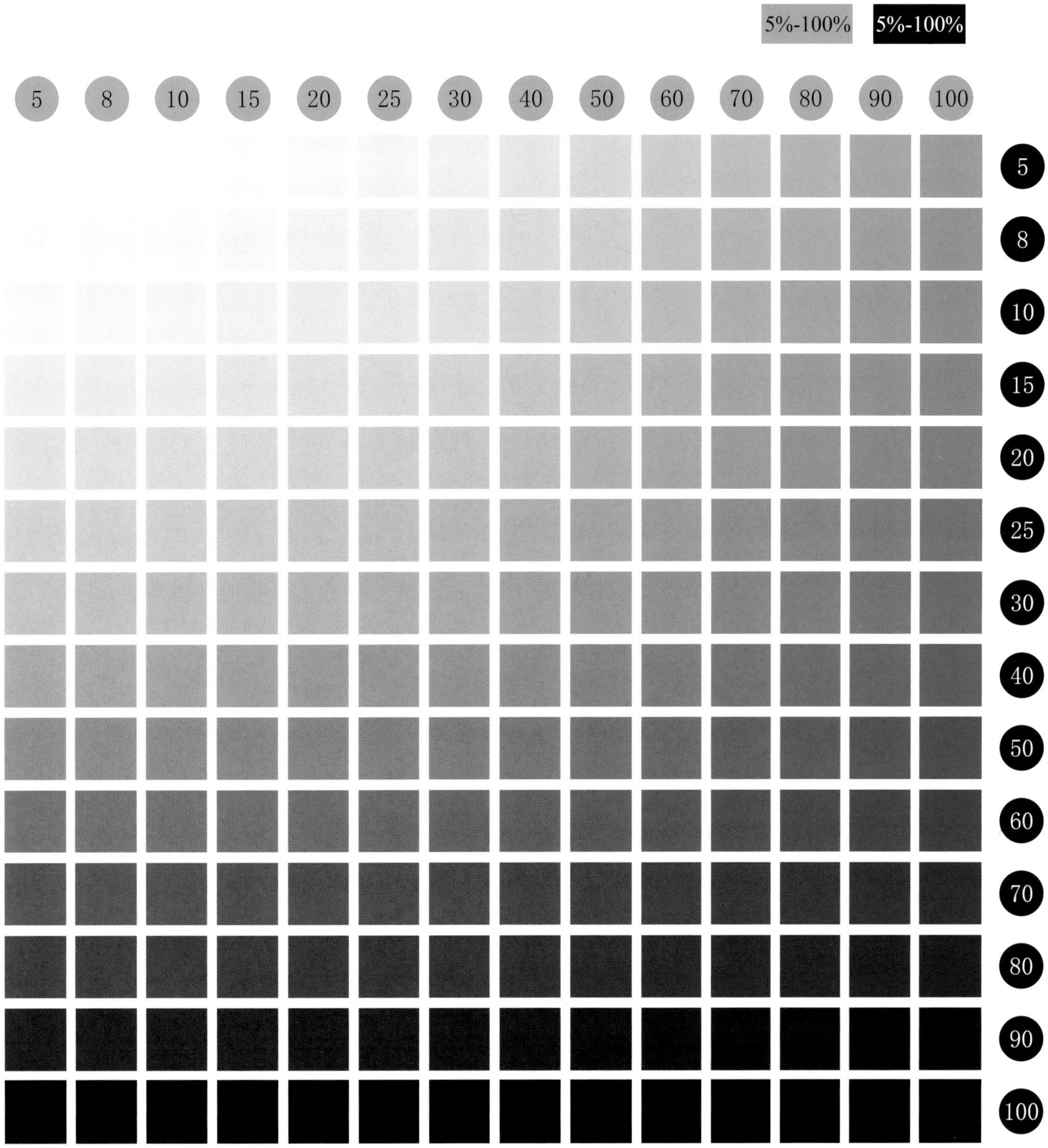

5%-100%　5%-100%

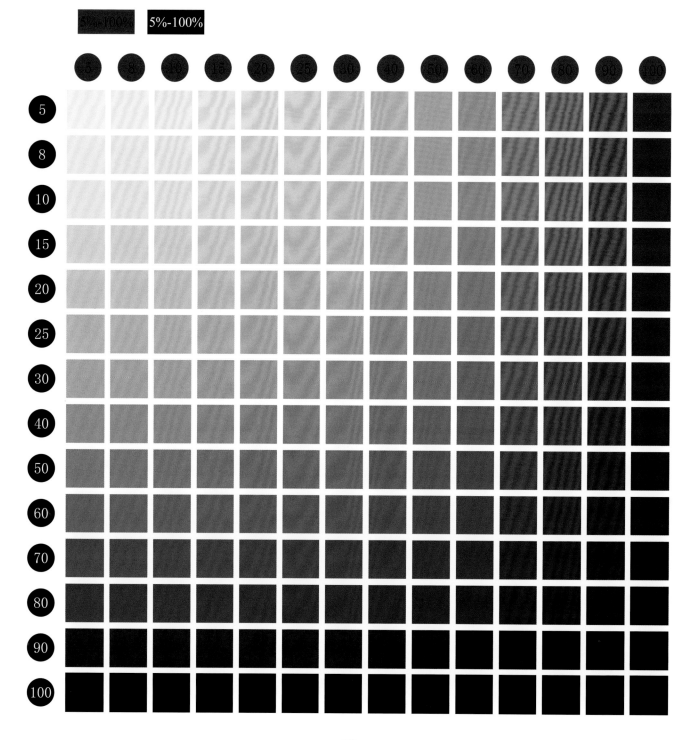

5%-100% 5%-100%

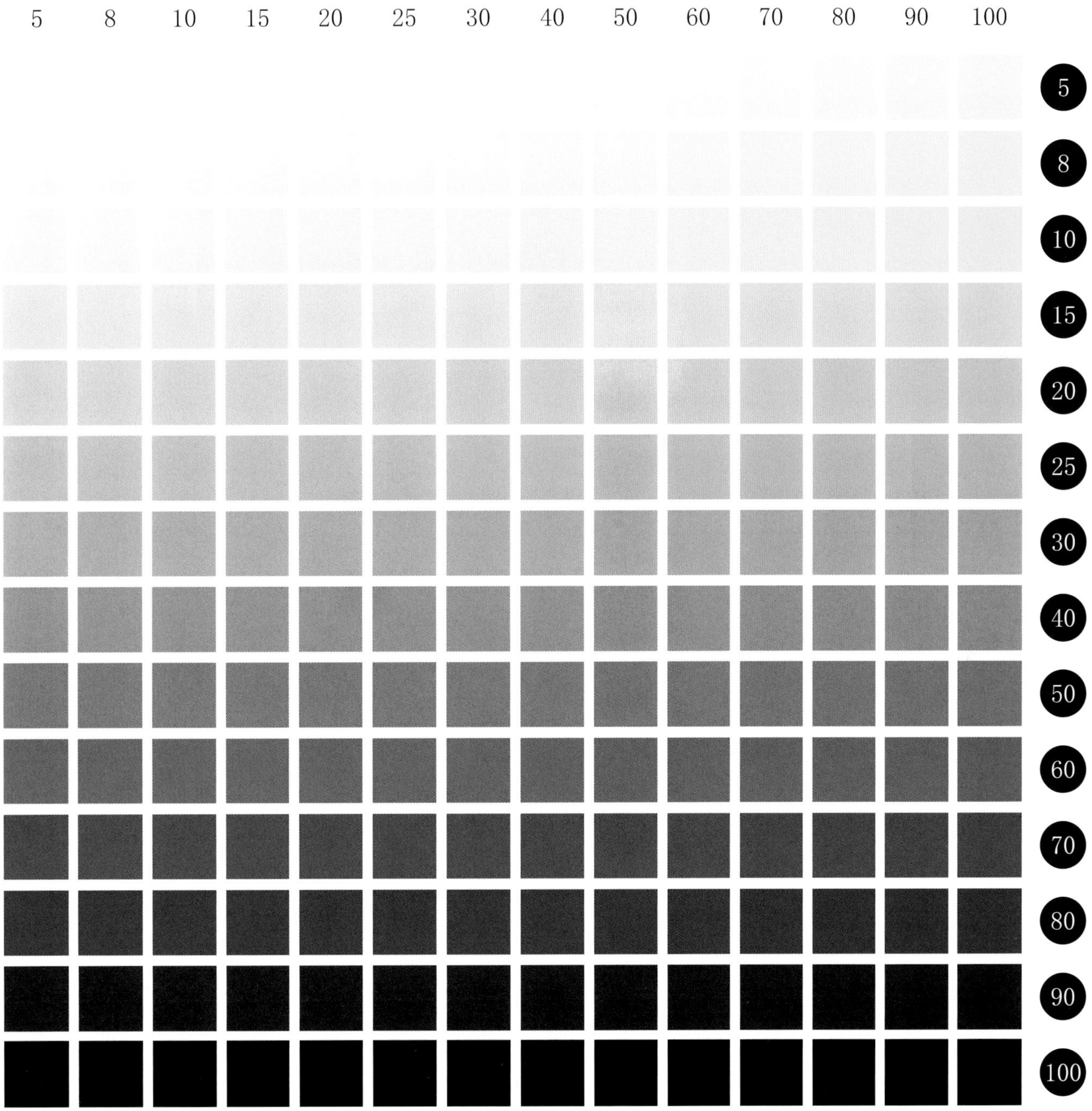

| 5 | 8 | 10 | 15 | 20 | 25 | 30 | 40 | 50 | 60 | 70 | 80 | 90 | 100 |

5
8
10
15
20
25
30
40
50
60
70
80
90
100

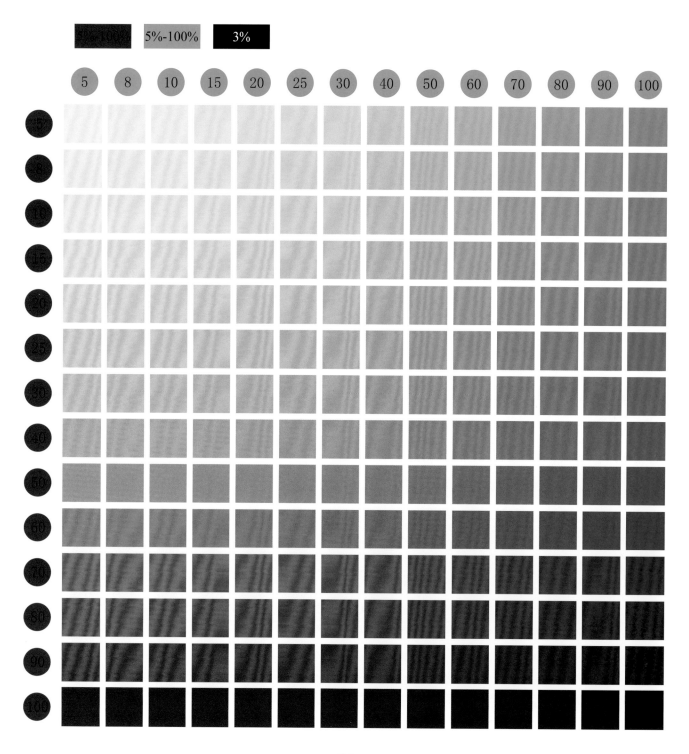

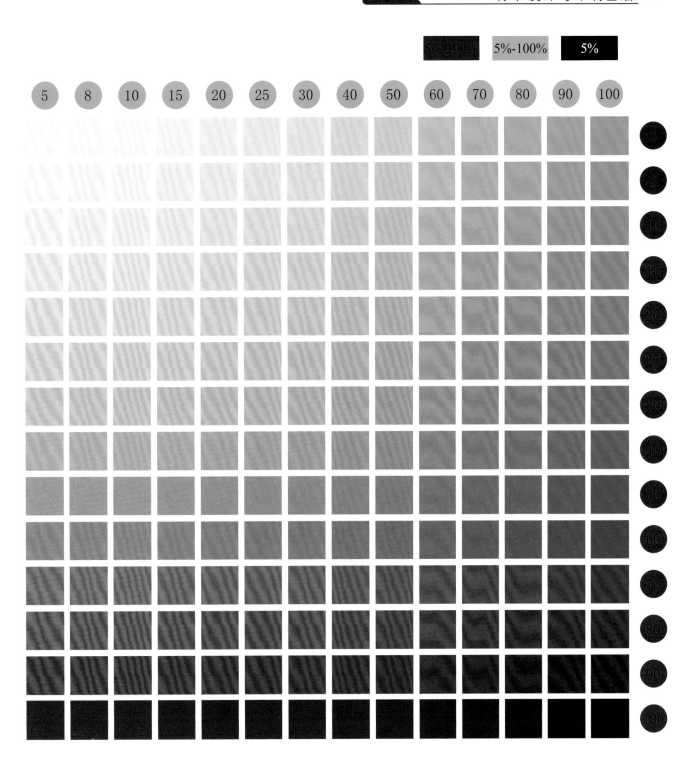

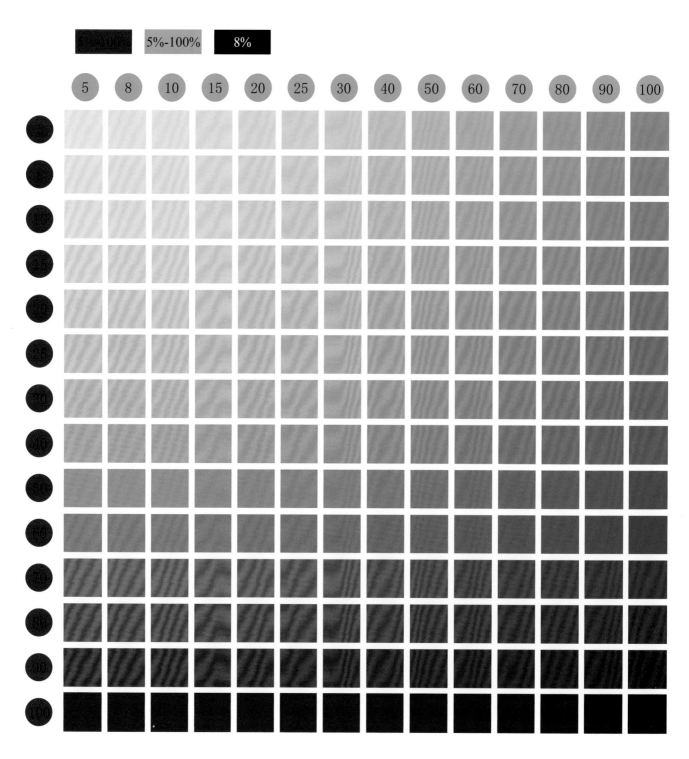

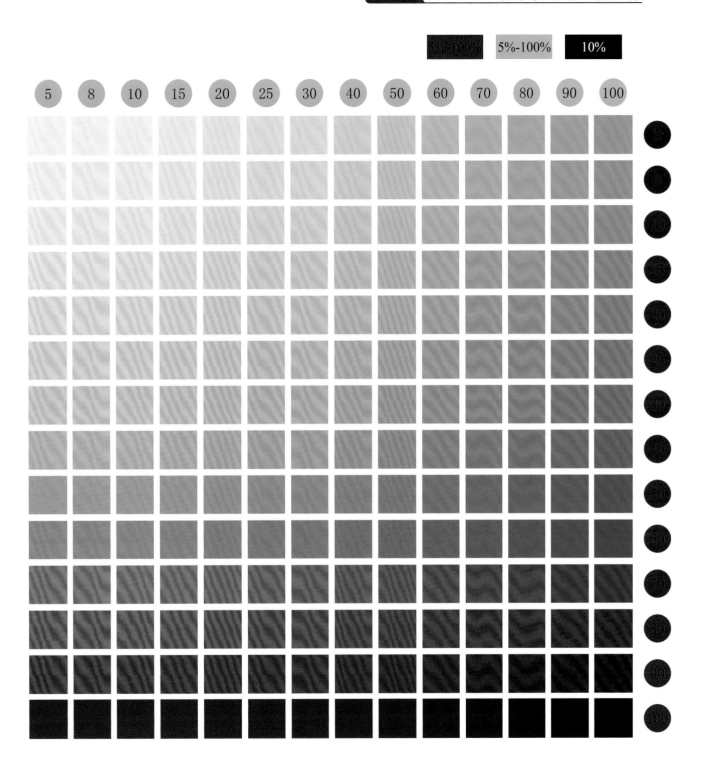

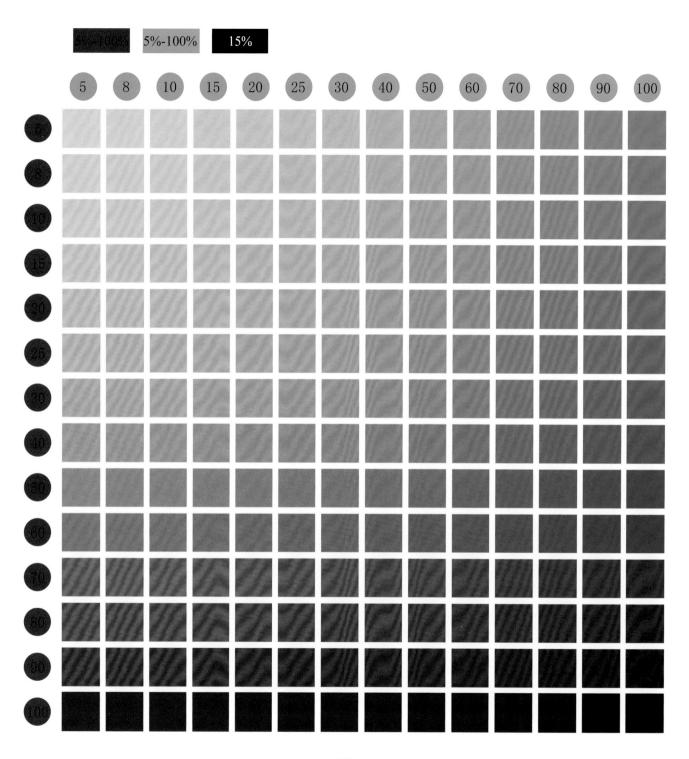

5%-100%
5%-100%
20%
5
8
10
15
20
25
30
40
50
60
70
80
90
100
5
8
10
15
20
25
30
40
50
60
70
80
90
100

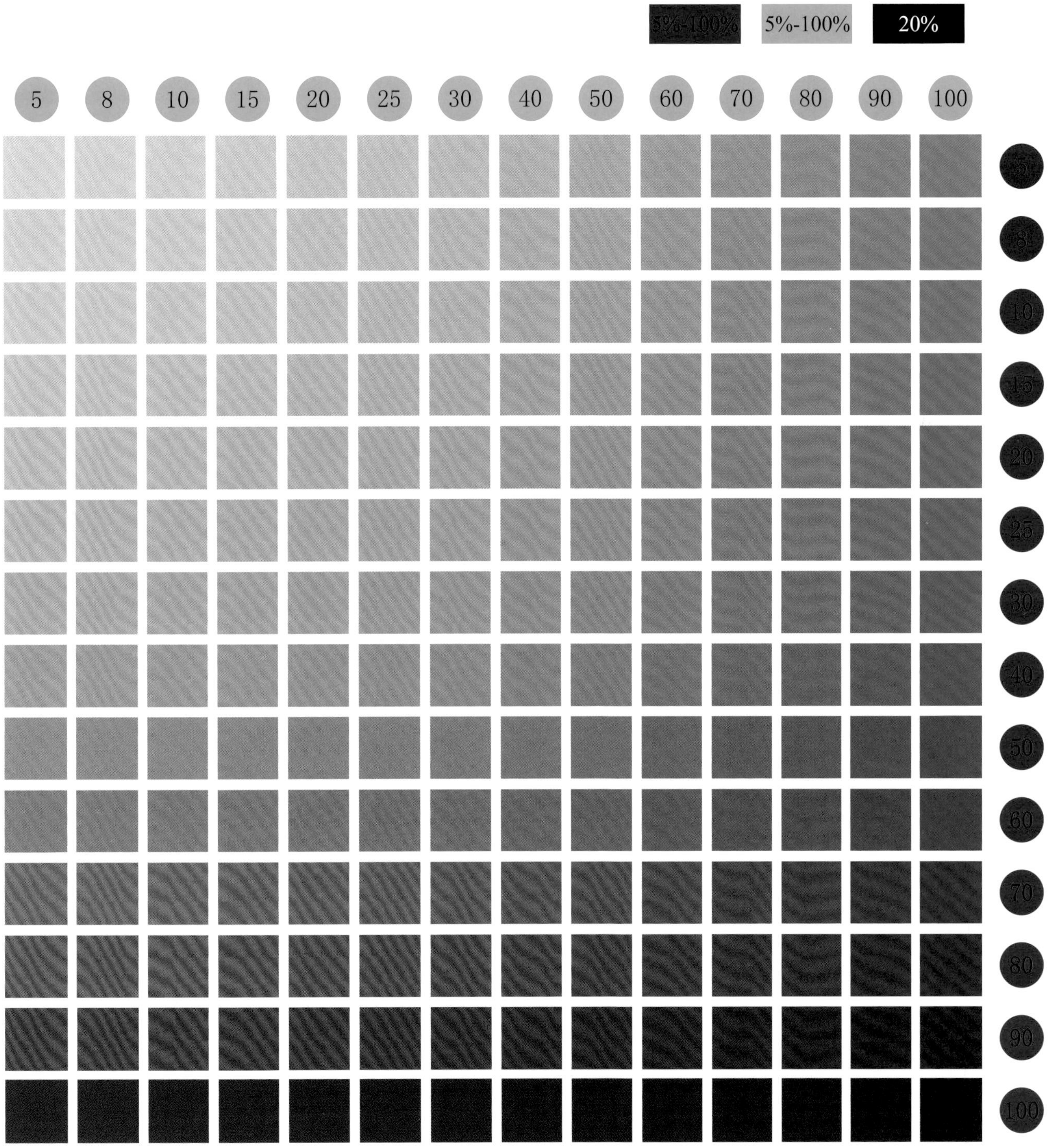

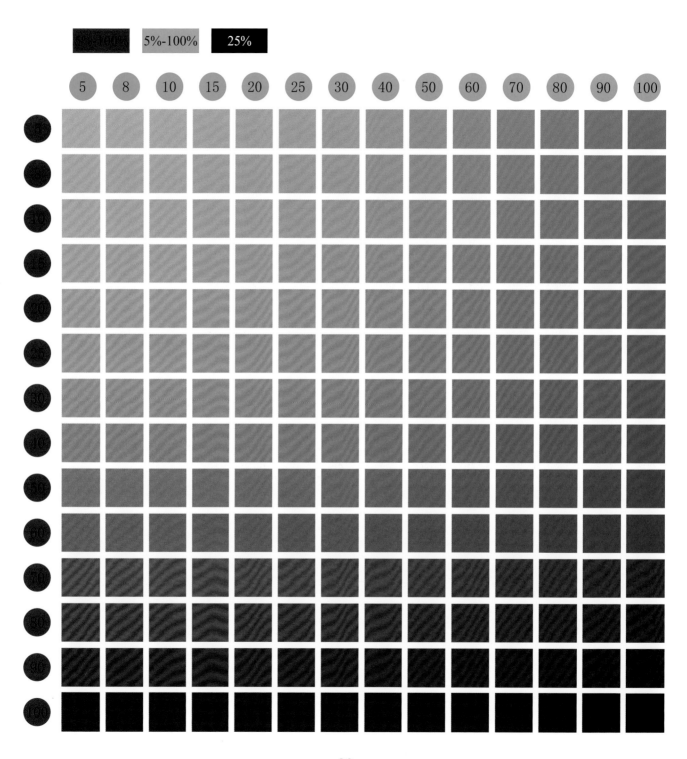

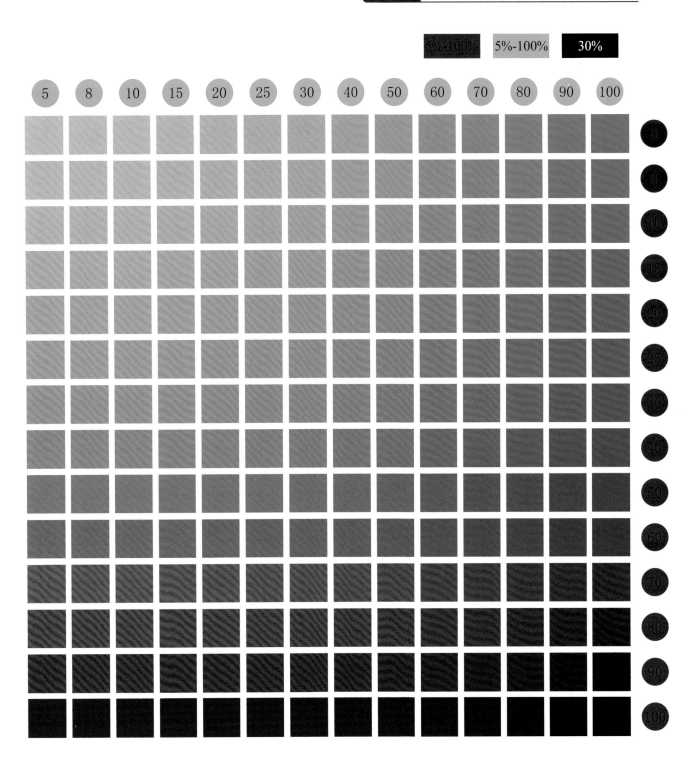

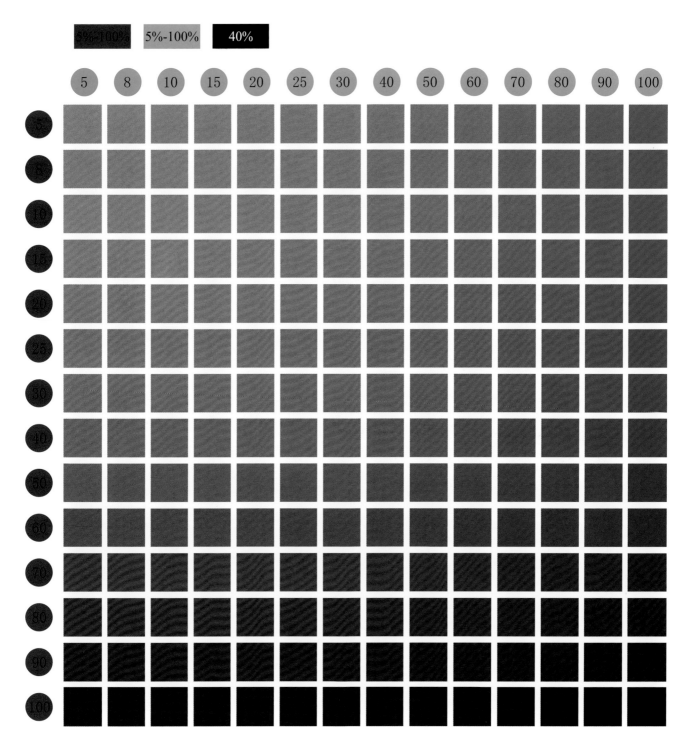

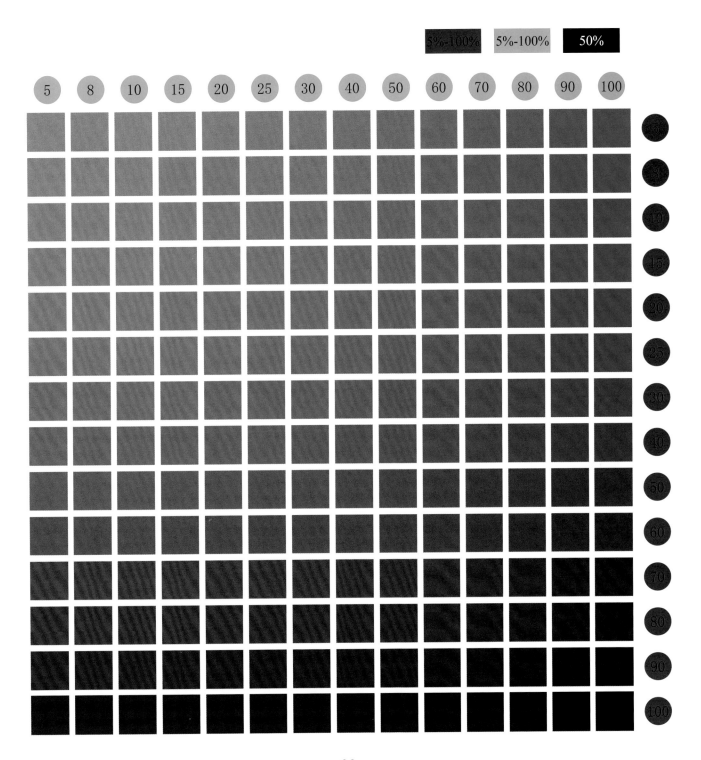

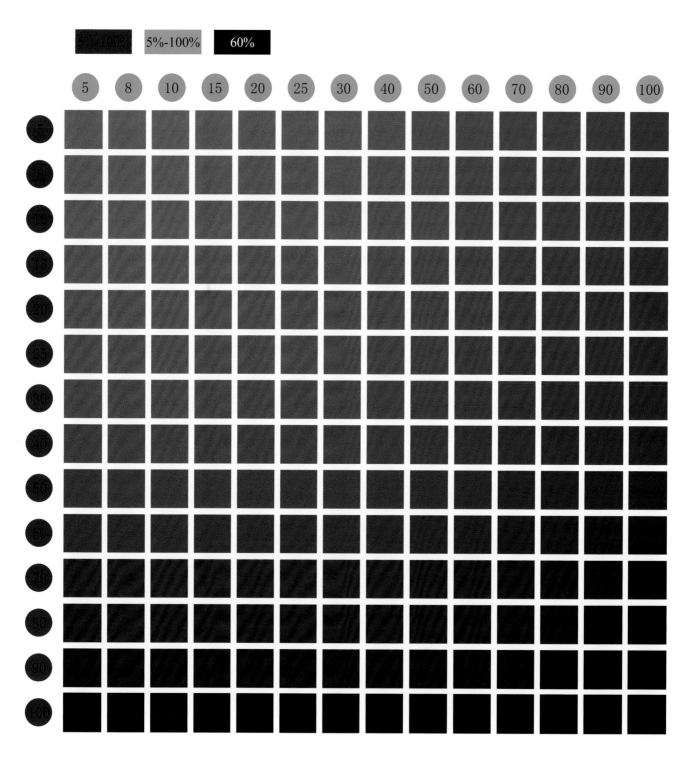

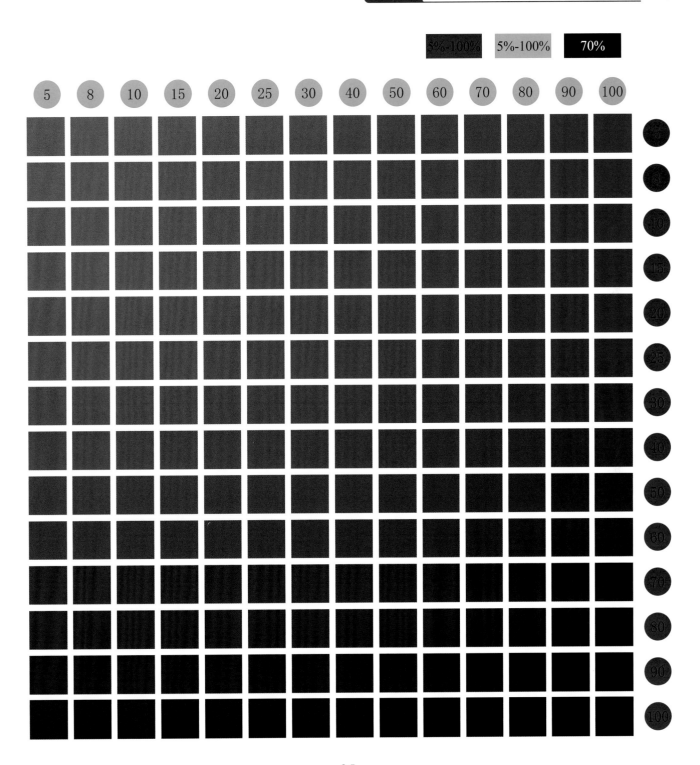

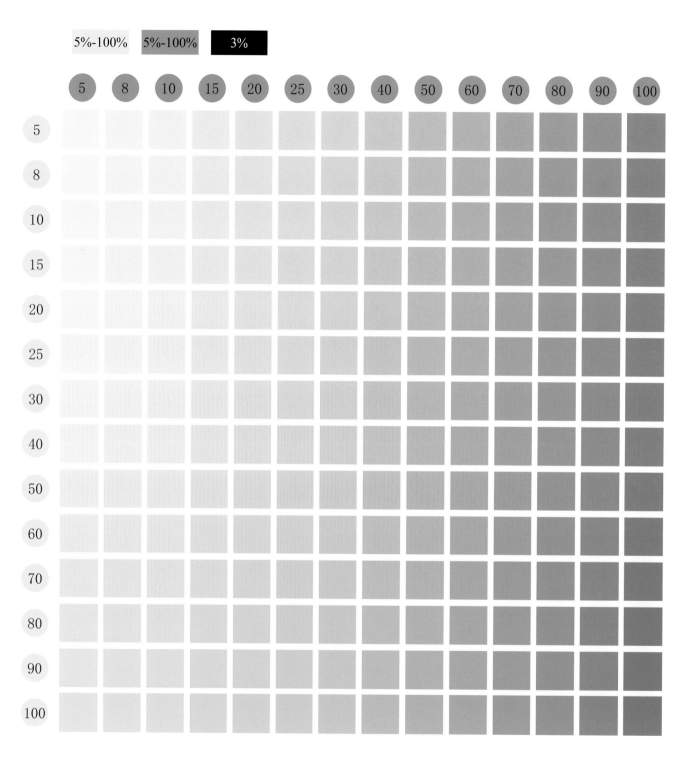

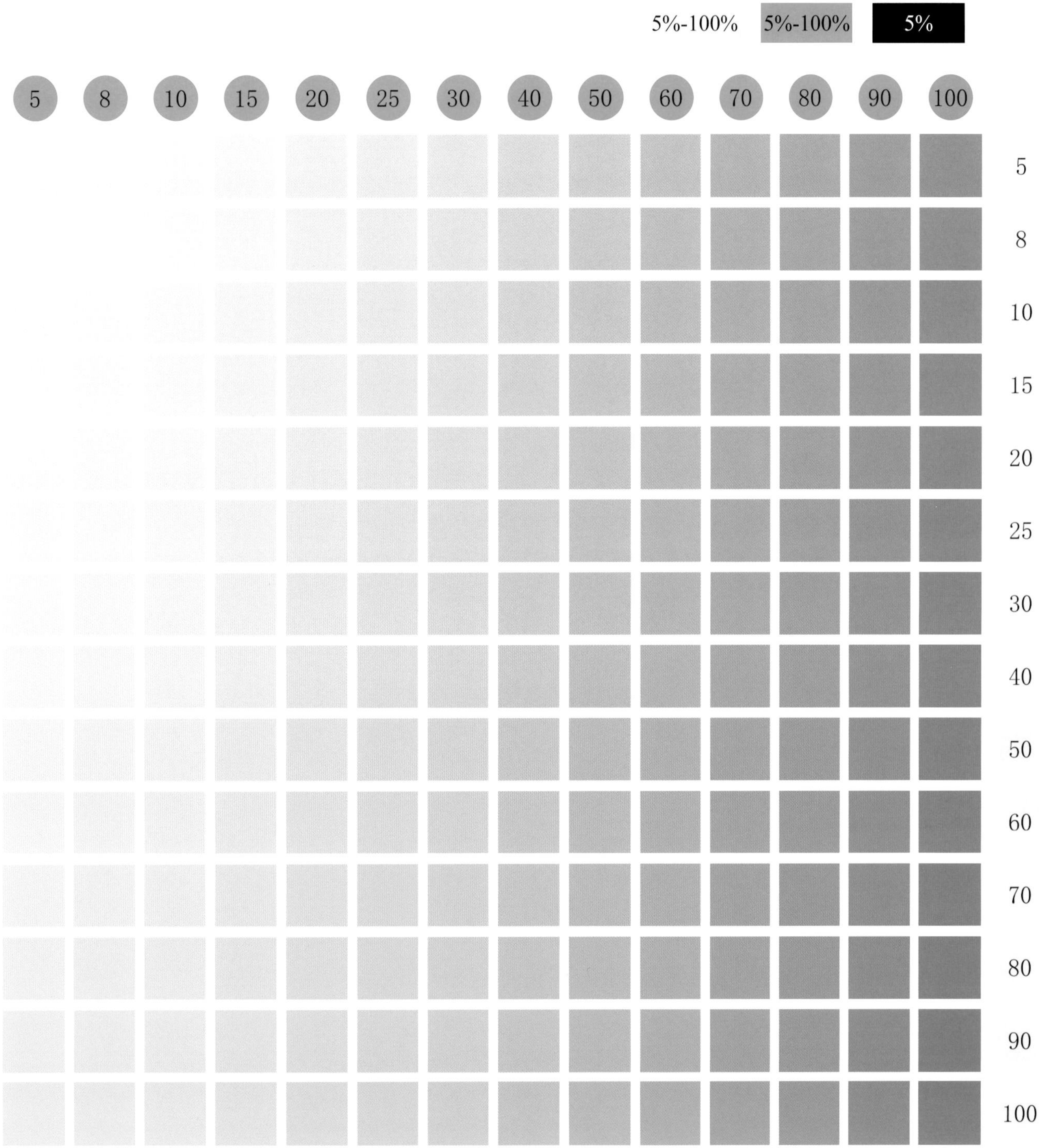

5%-100%　5%-100%　5%

| 5 | 8 | 10 | 15 | 20 | 25 | 30 | 40 | 50 | 60 | 70 | 80 | 90 | 100 |

5

8

10

15

20

25

30

40

50

60

70

80

90

100

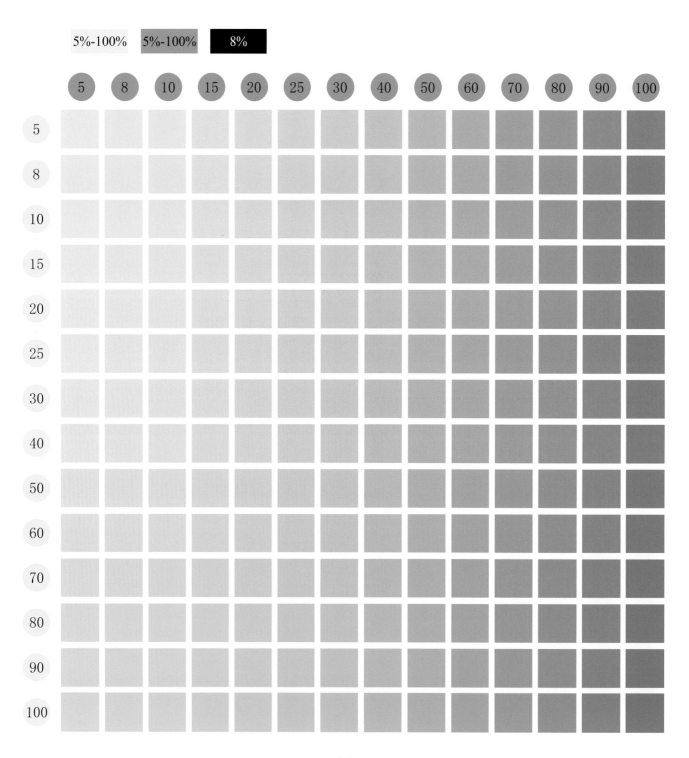

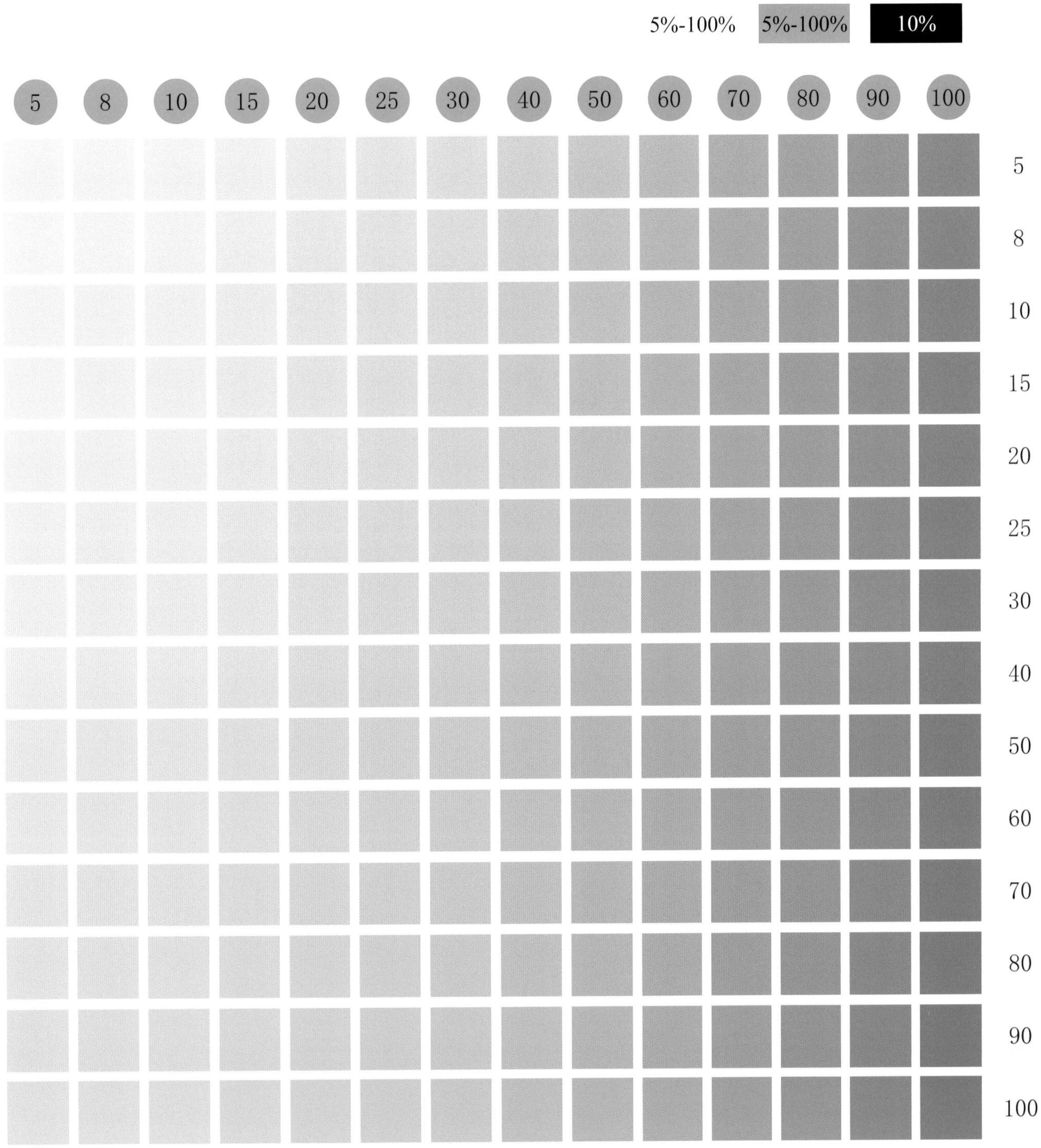

5%-100%　5%-100%　10%

| 5 | 8 | 10 | 15 | 20 | 25 | 30 | 40 | 50 | 60 | 70 | 80 | 90 | 100 |

													5
													8
													10
													15
													20
													25
													30
													40
													50
													60
													70
													80
													90
													100

5%-100% | 5%-100% | 15%

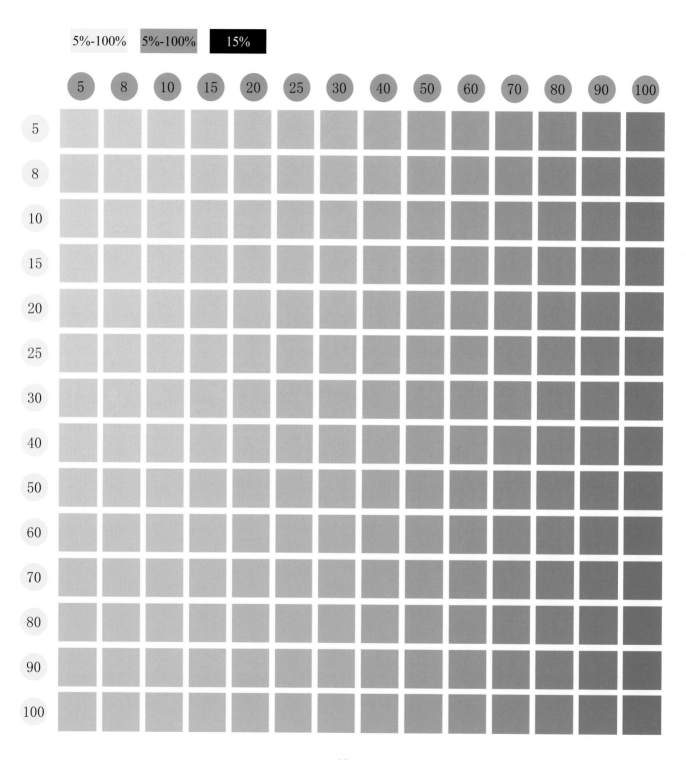

5%-100%　5%-100%　20%

	5	8	10	15	20	25	30	40	50	60	70	80	90	100
5														
8														
10														
15														
20														
25														
30														
40														
50														
60														
70														
80														
90														
100														

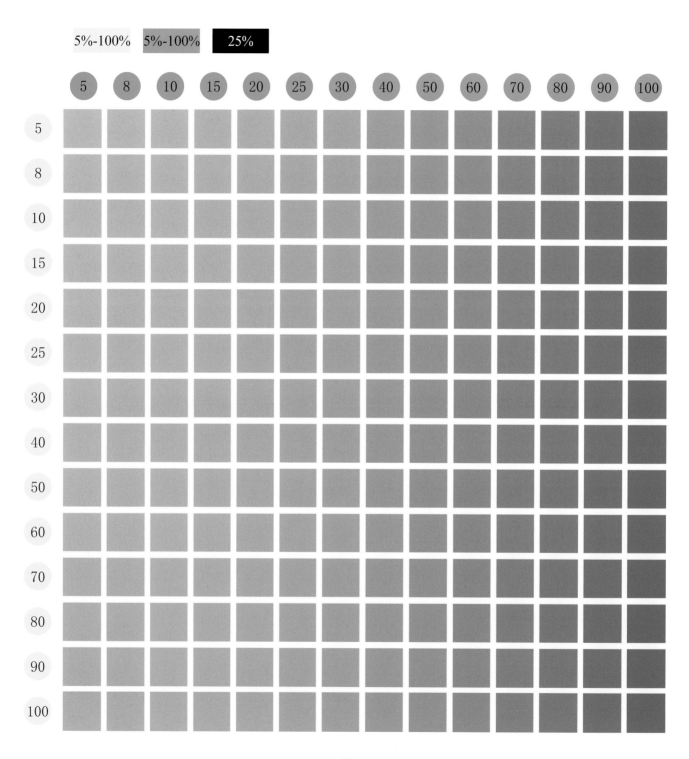

5%-100% 5%-100% 30%

5 8 10 15 20 25 30 40 50 60 70 80 90 100
5
8
10
15
20
25
30
40
50
60
70
80
90
100

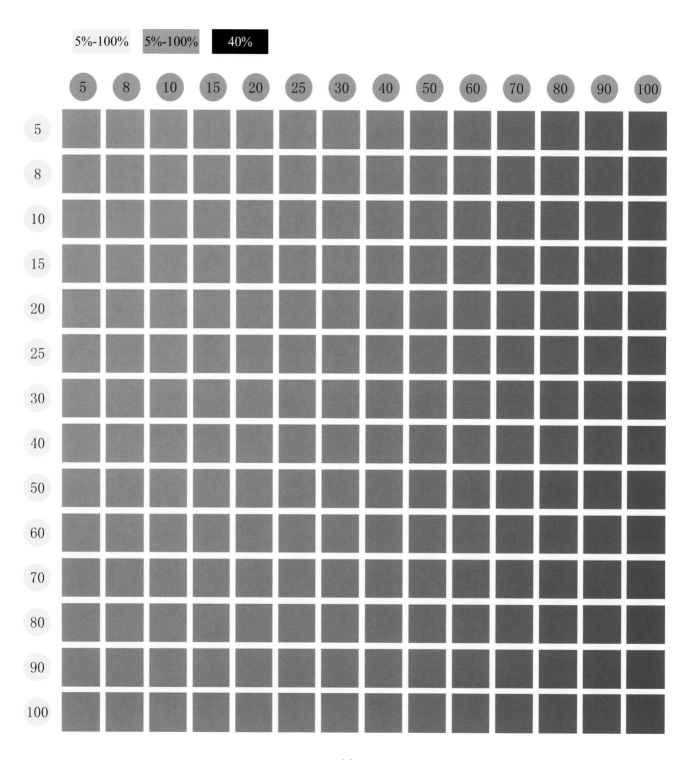

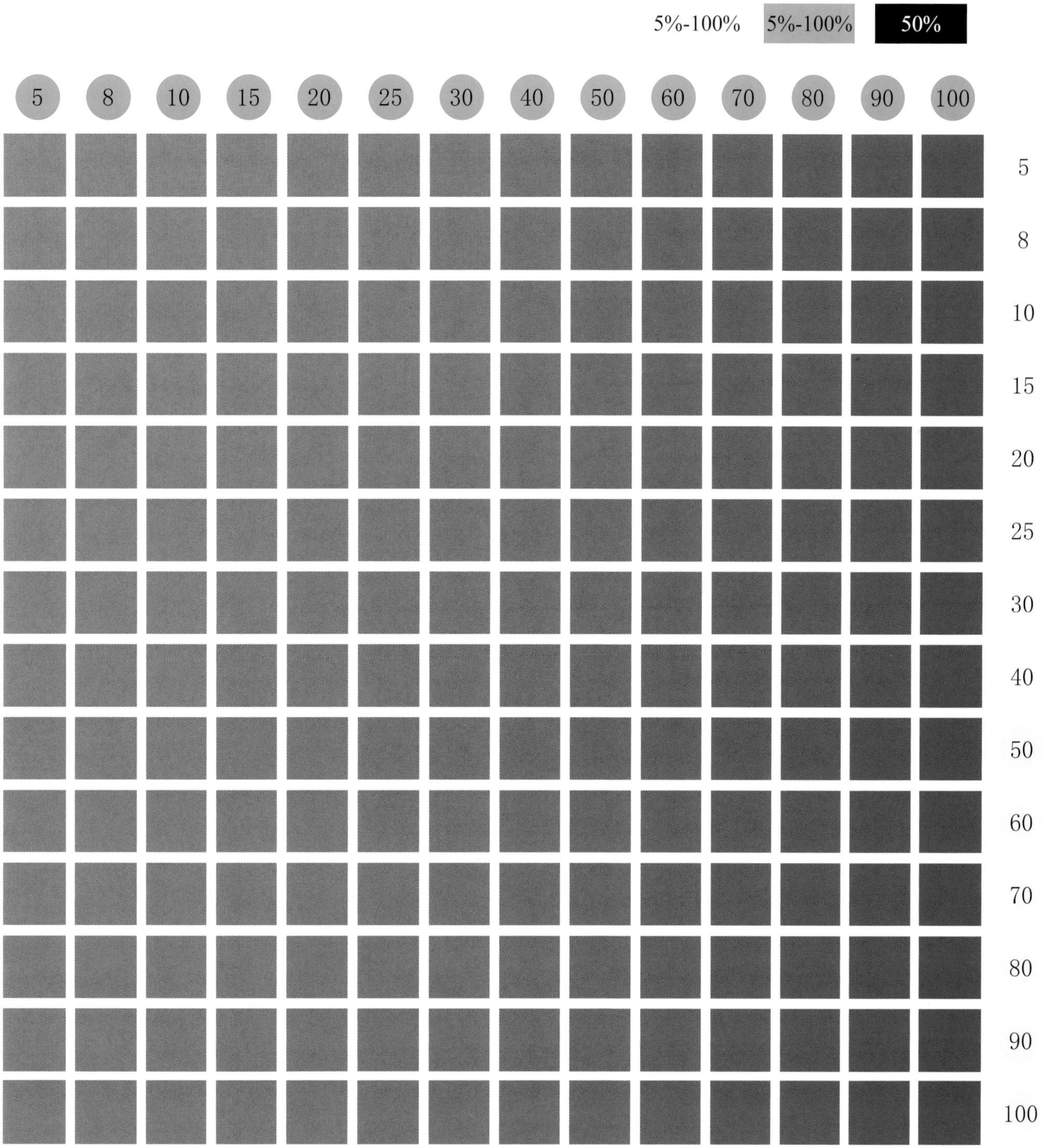

5%-100%   5%-100%   50%

| 5 | 8 | 10 | 15 | 20 | 25 | 30 | 40 | 50 | 60 | 70 | 80 | 90 | 100 |

5

8

10

15

20

25

30

40

50

60

70

80

90

100

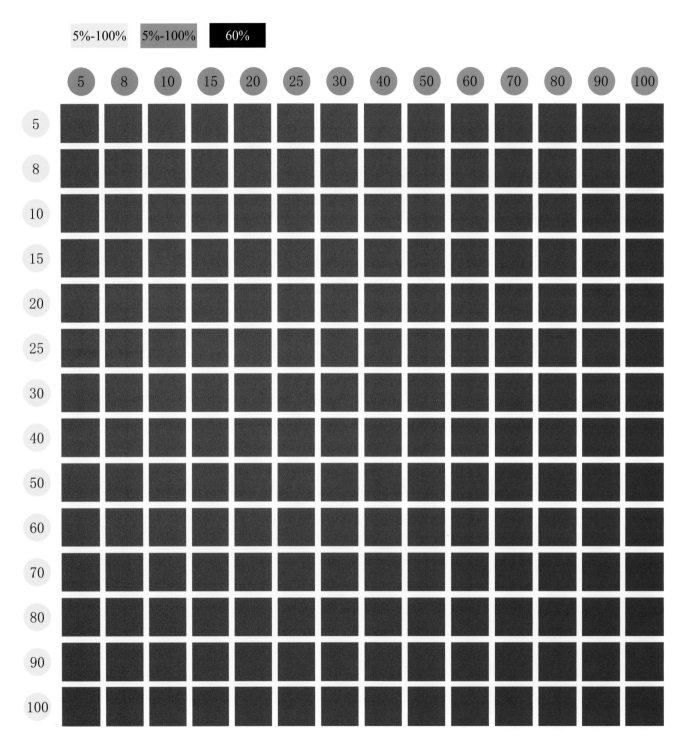

5%-100% 5%-100% 70%

5
8
10
15
20
25
30
40
50
60
70
80
90
100
5
8
10
15
20
25
30
40
50
60
70
80
90
100

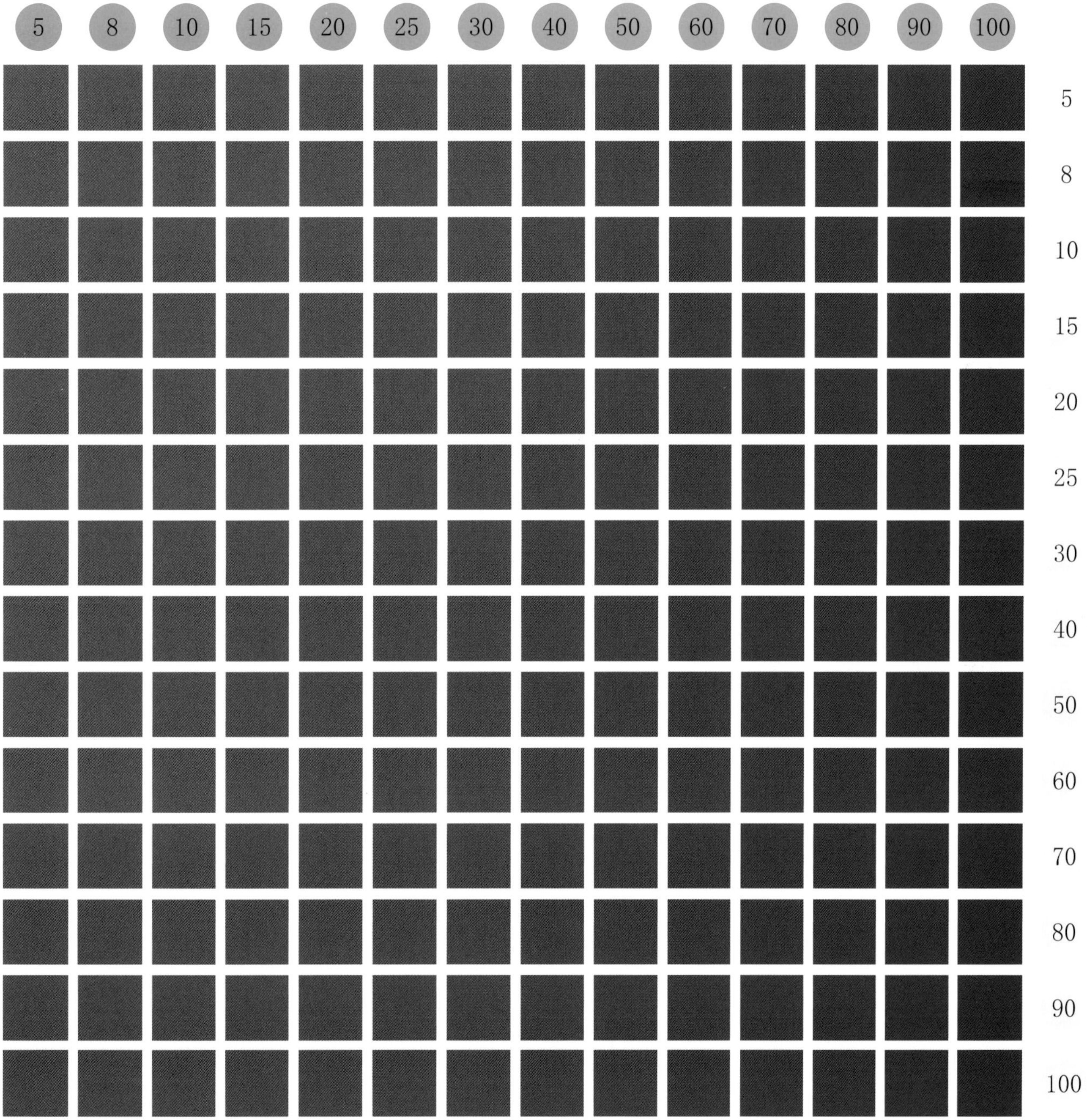

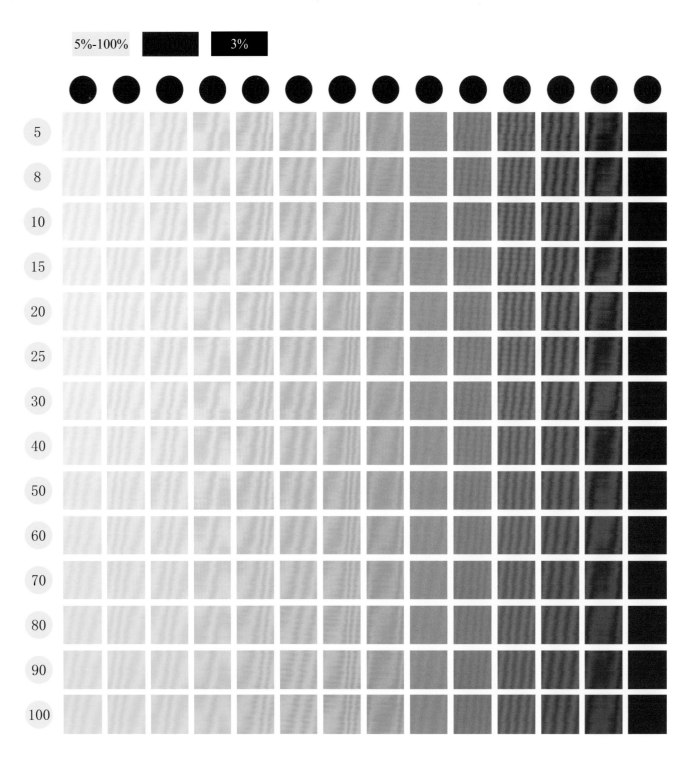

5%-100% | 5%-100% | 5%

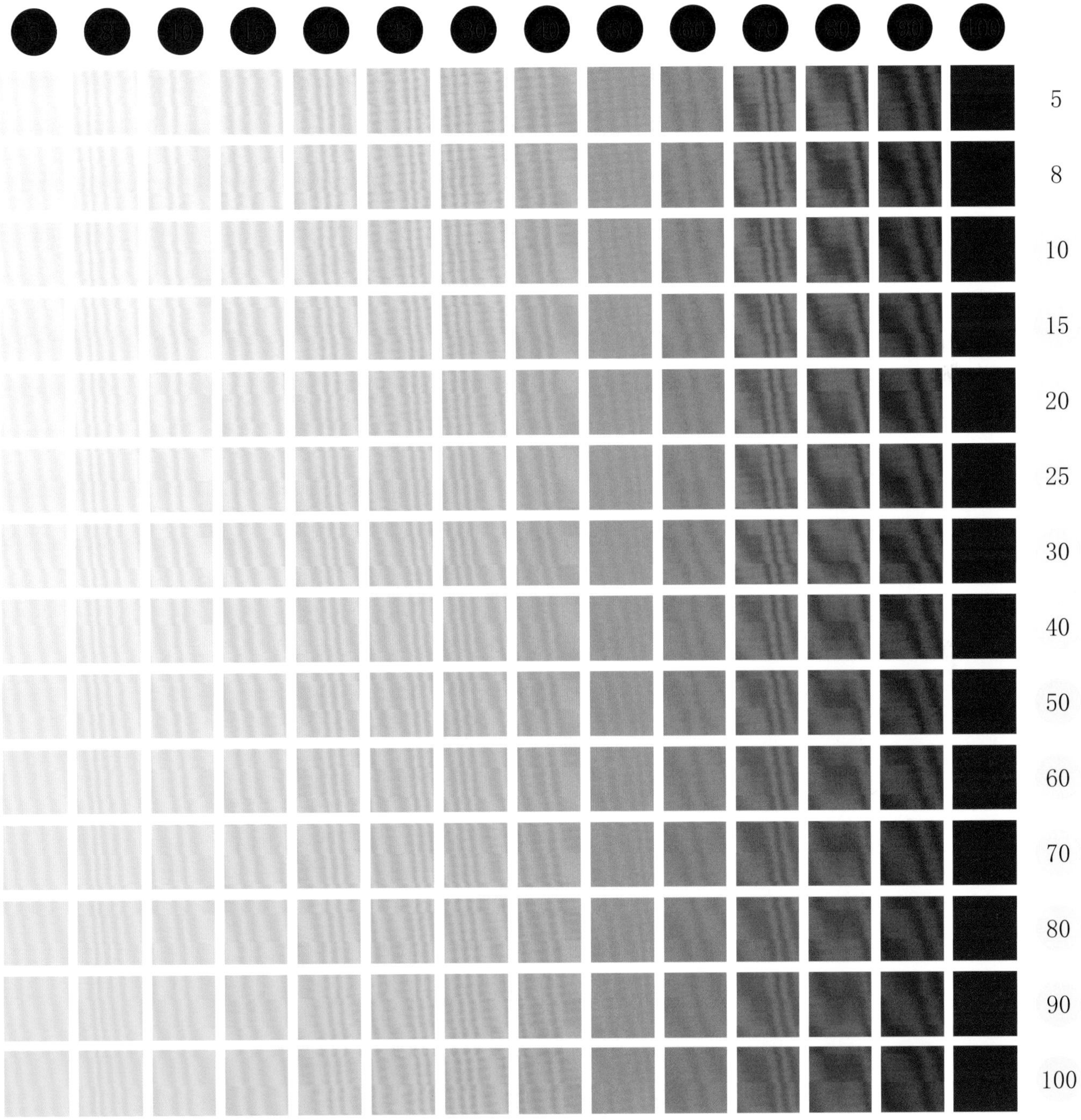

5%-100%　　8%

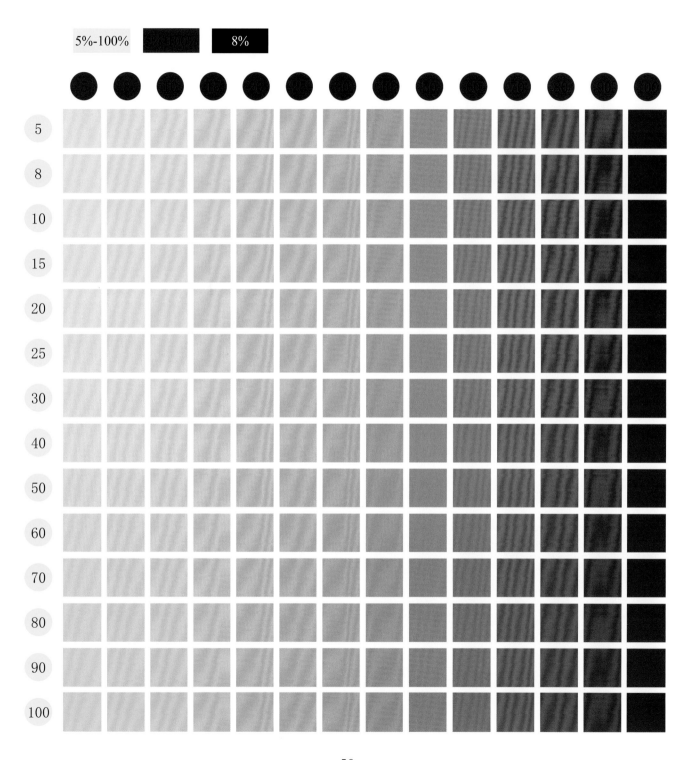

5%-100% 5%-100% 10%

5
8
10
15
20
25
30
40
50
60
70
80
90
100
5
8
10
15
20
25
30
40
50
60
70
80
90
100

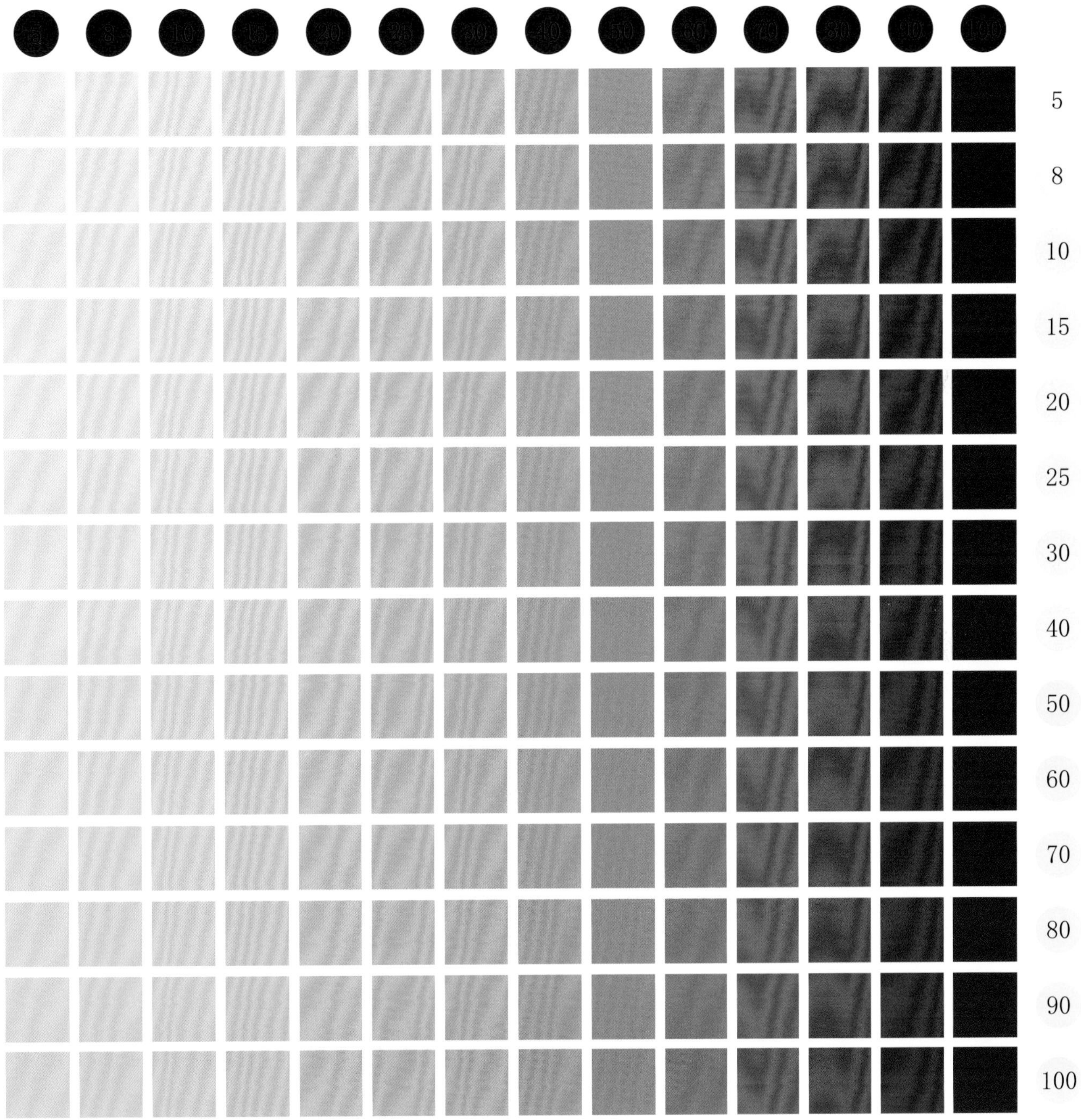

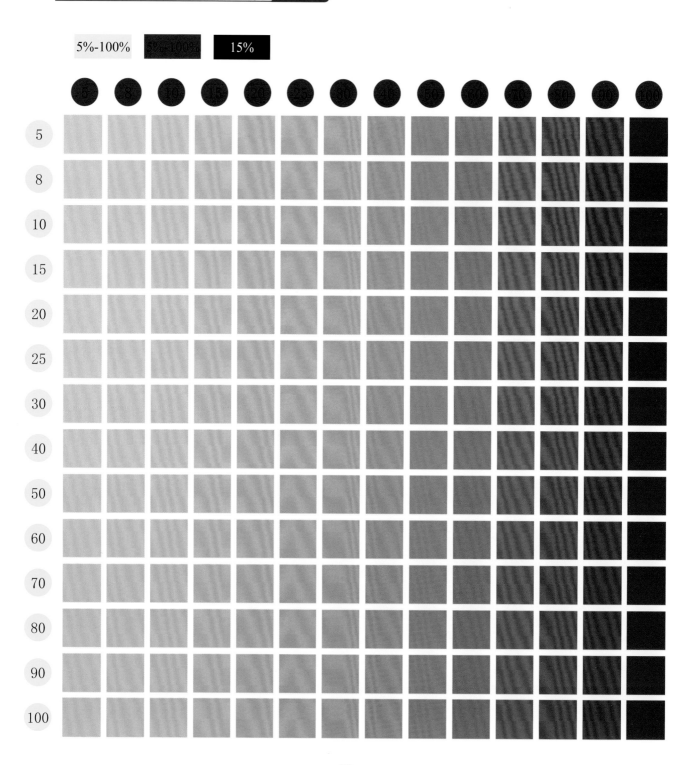

5%-100%   5%-100%   20%

5	8	10	15	20	25	30	40	50	60	70	80	90	100	

5
8
10
15
20
25
30
40
50
60
70
80
90
100

5%-100% | 5%-100% | 25%

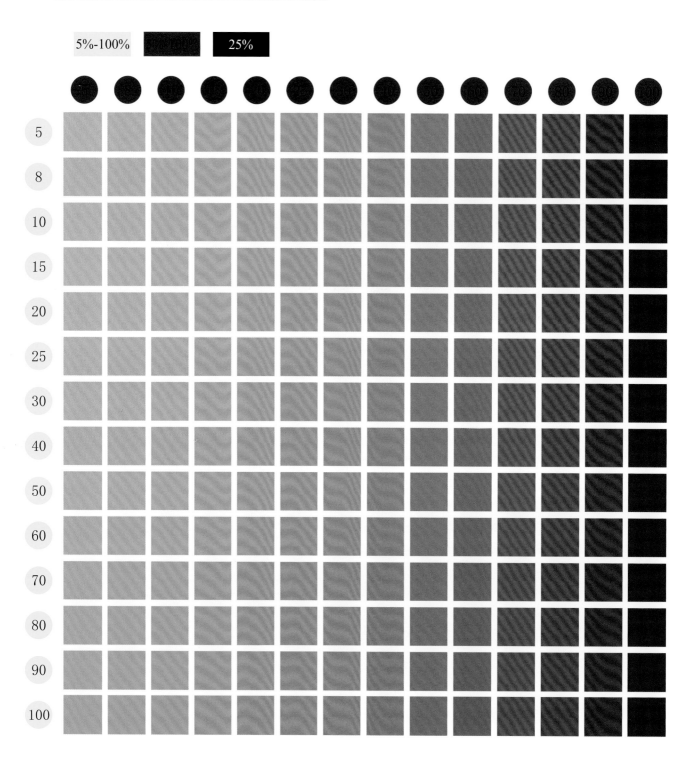

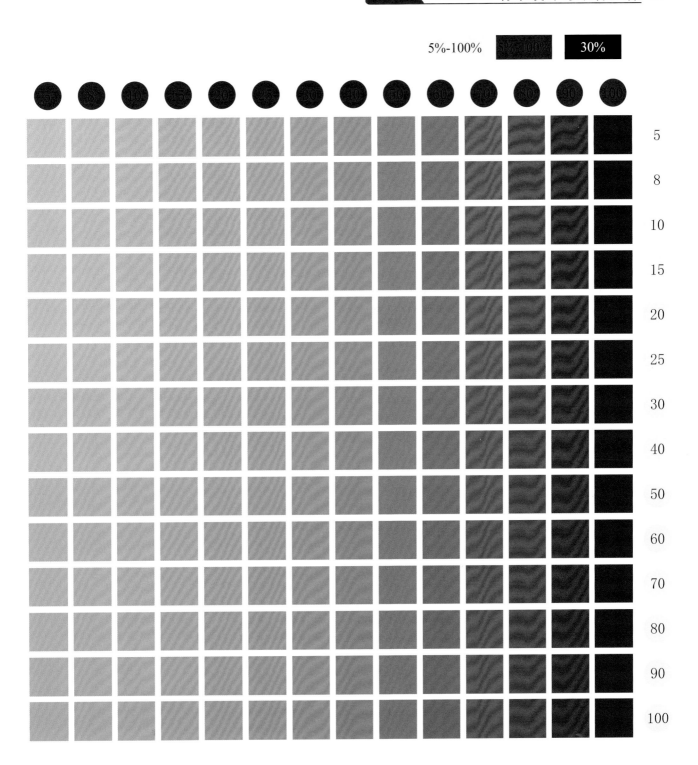

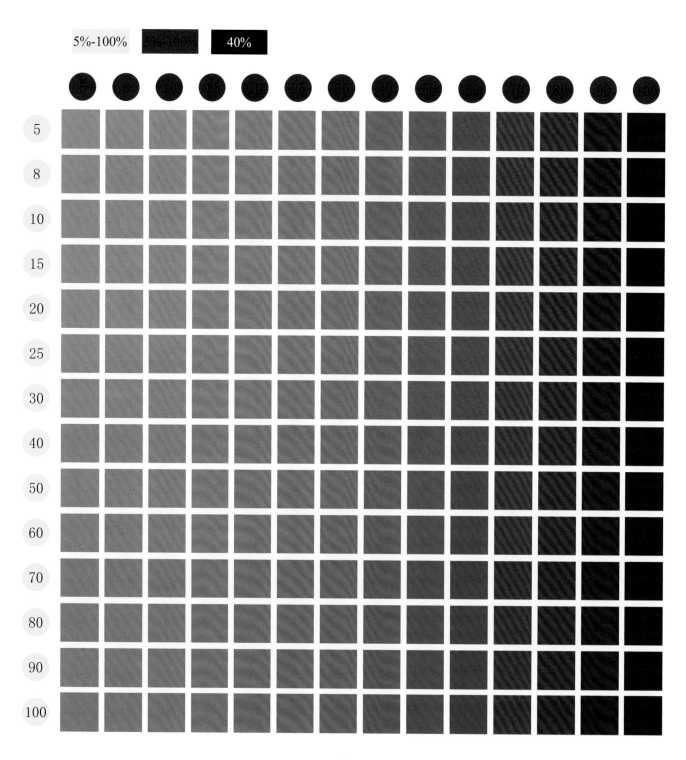

5%-100% 5%-100% 50%

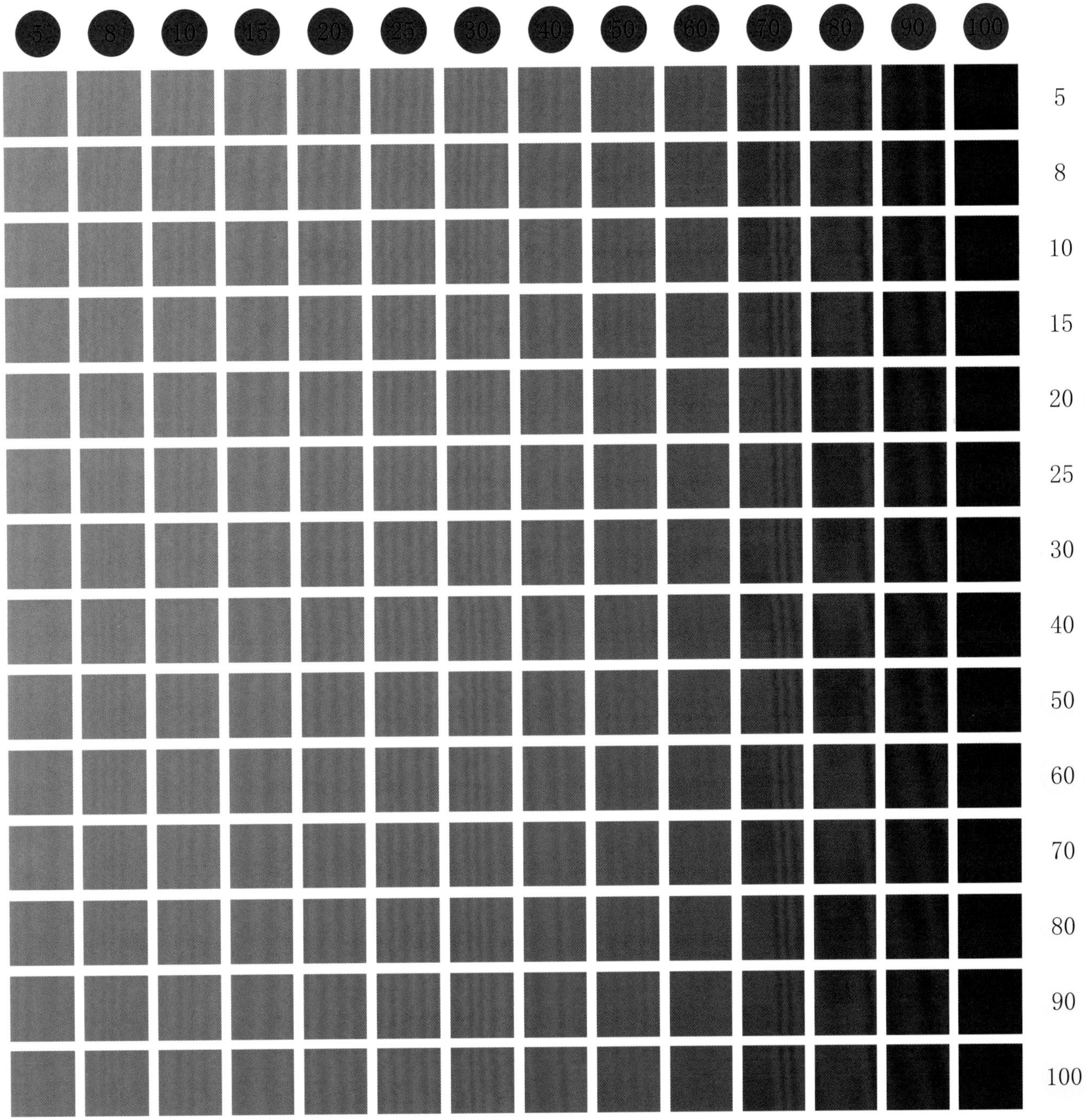

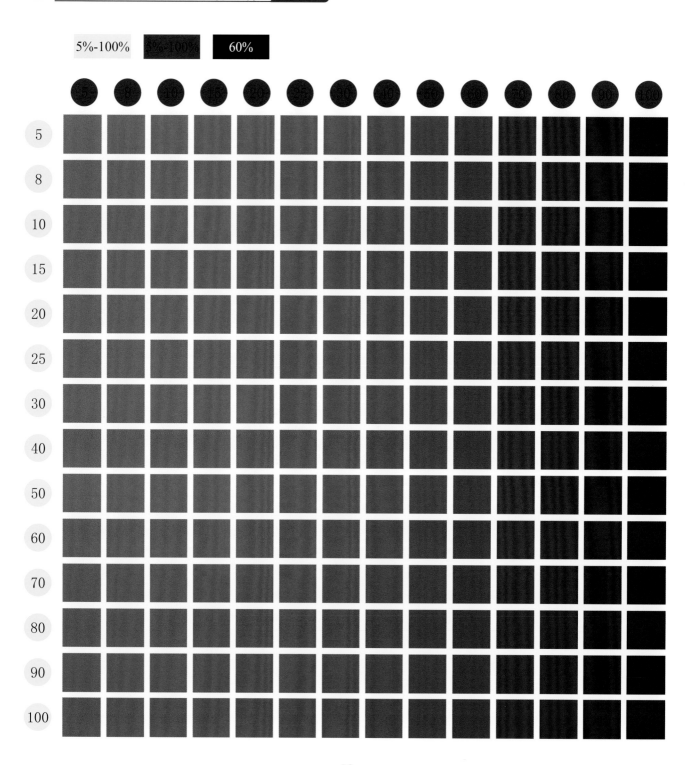

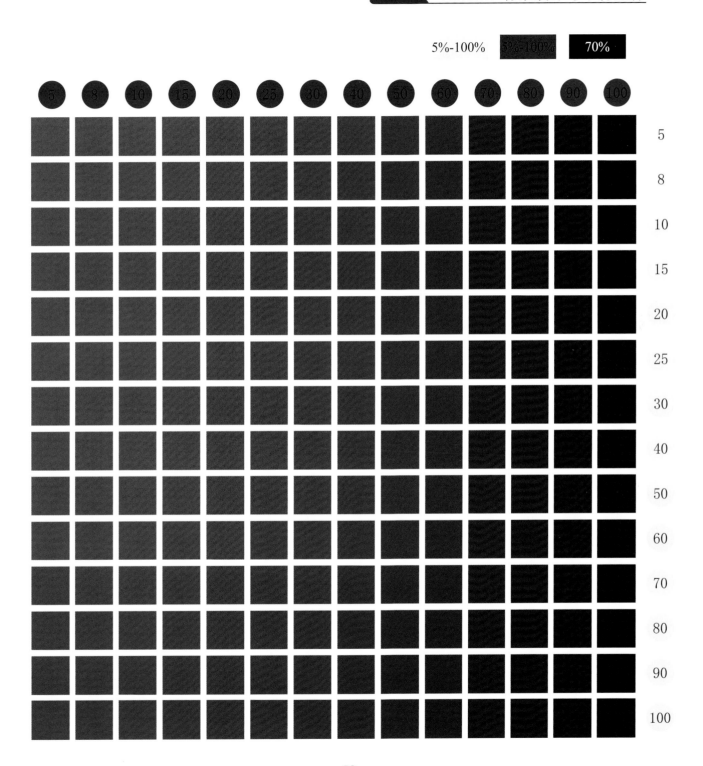

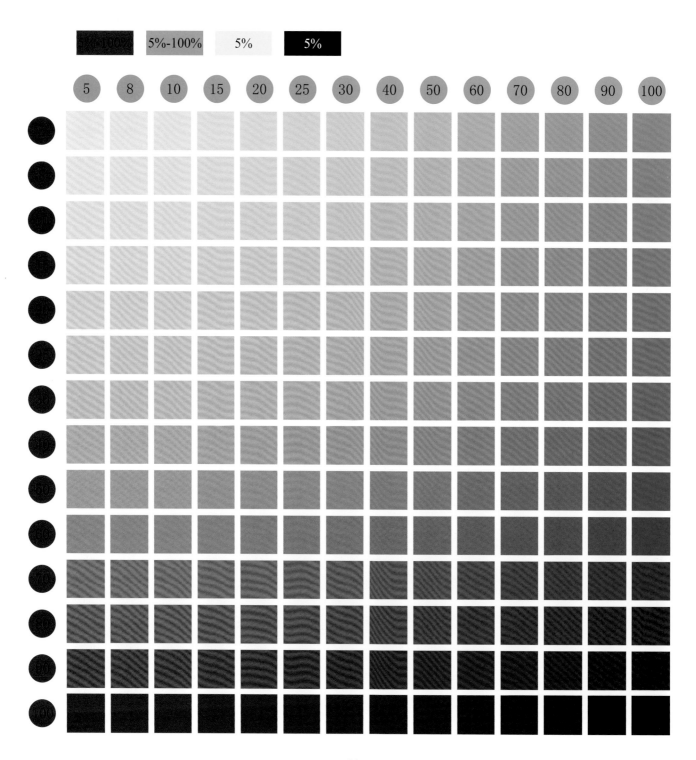

5%-100%　5%-100%　5%　10%

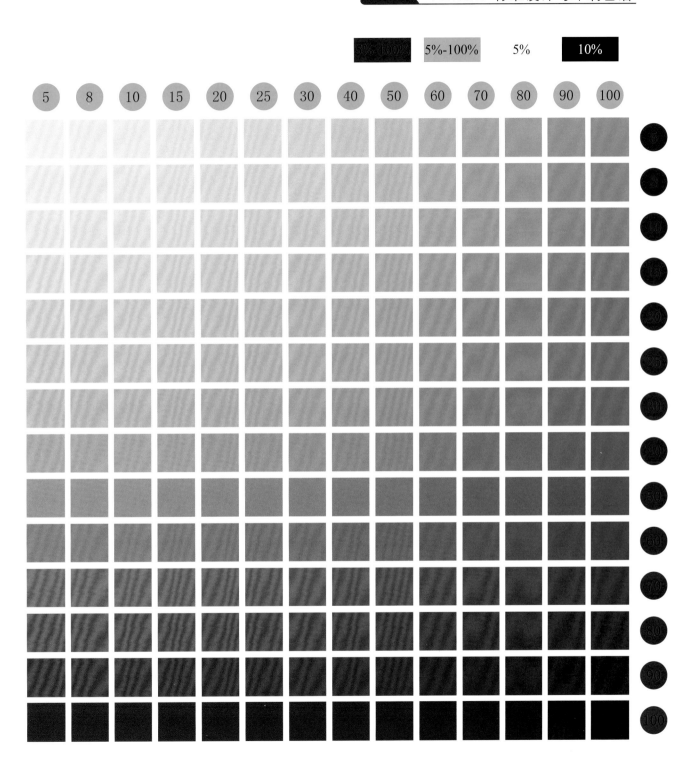

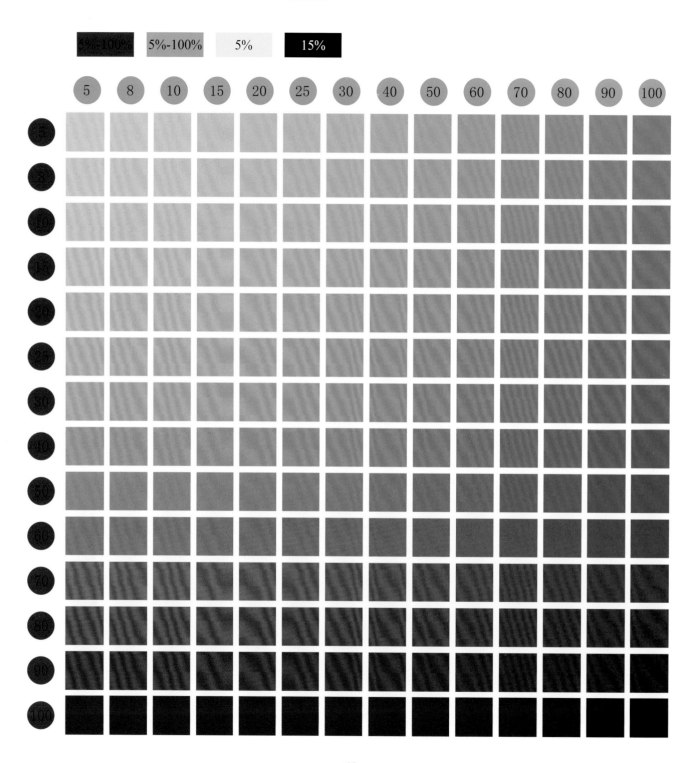

5%-100% 5%-100% 5% 20%

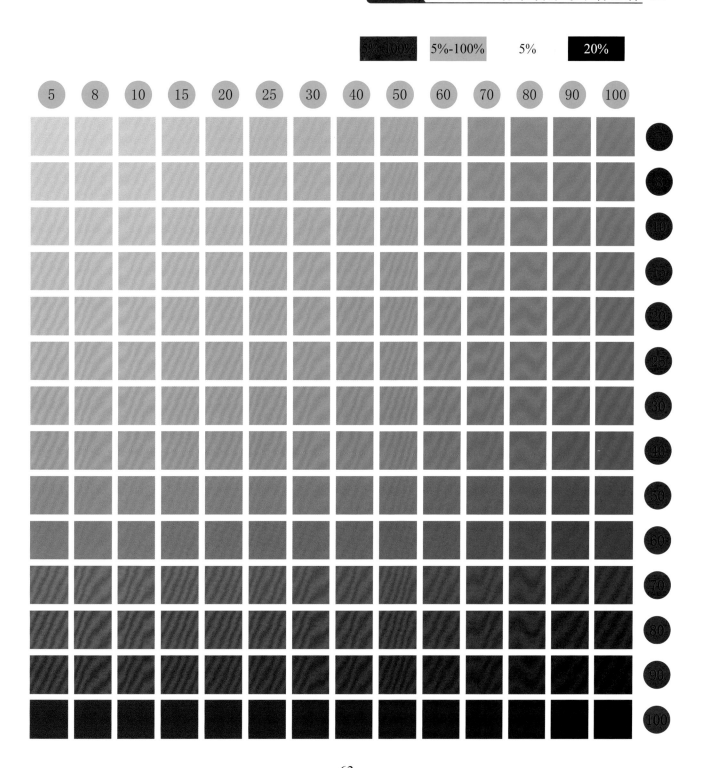

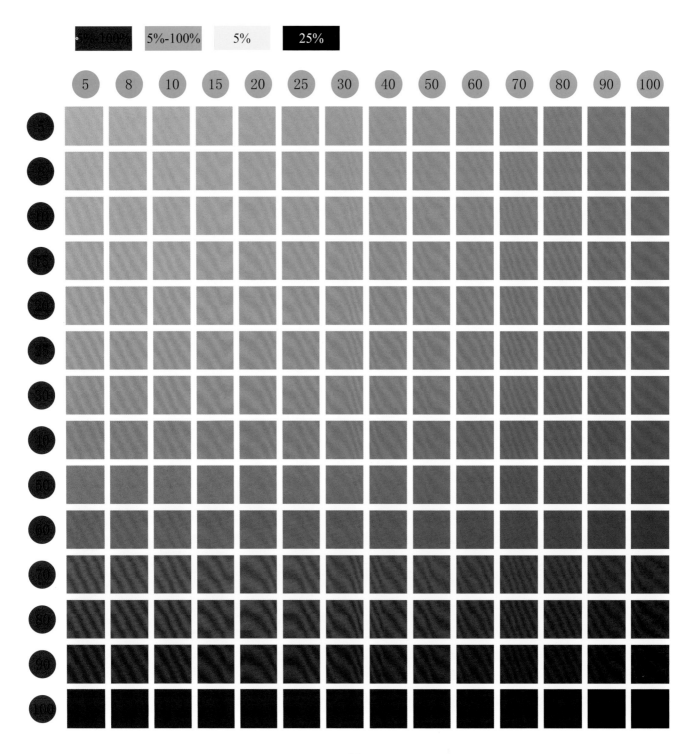

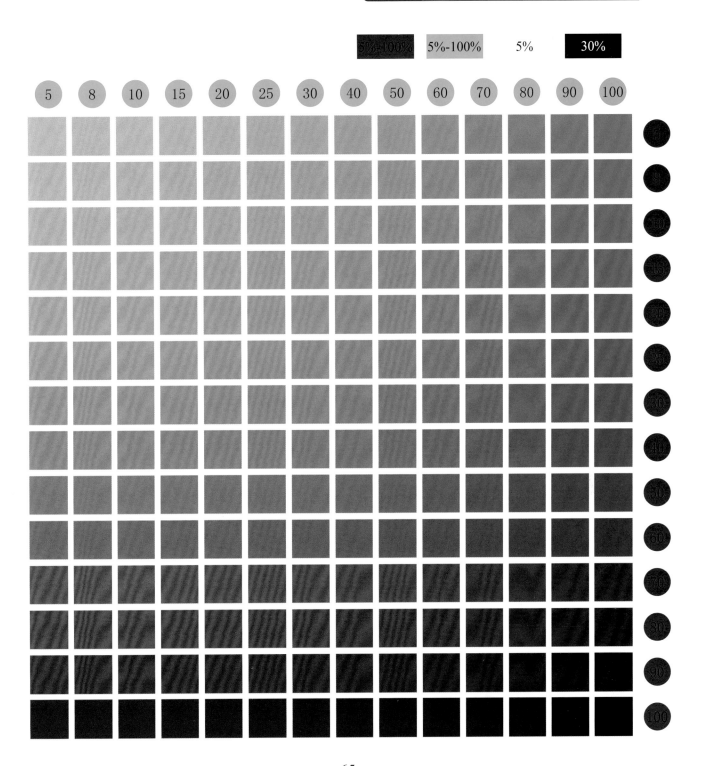

5%-100% | 5%-100% | 5% | 35%

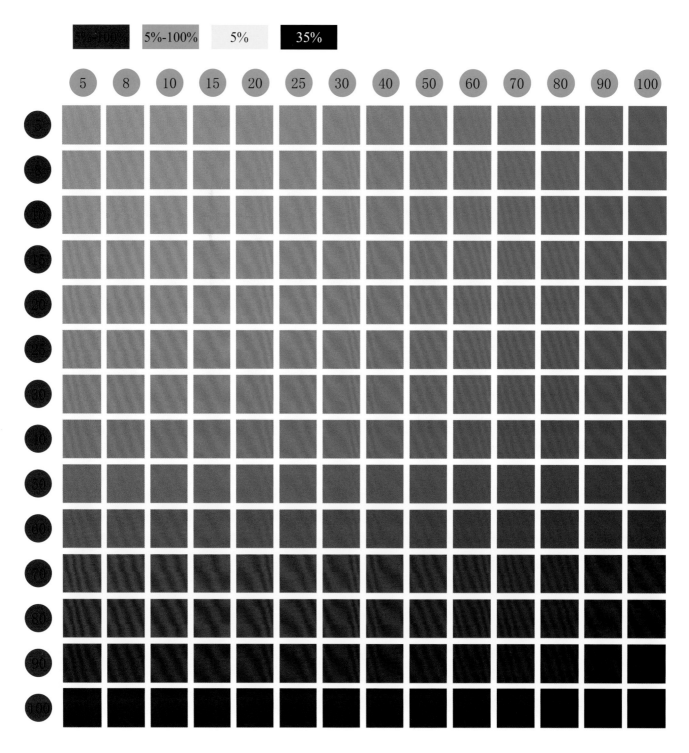

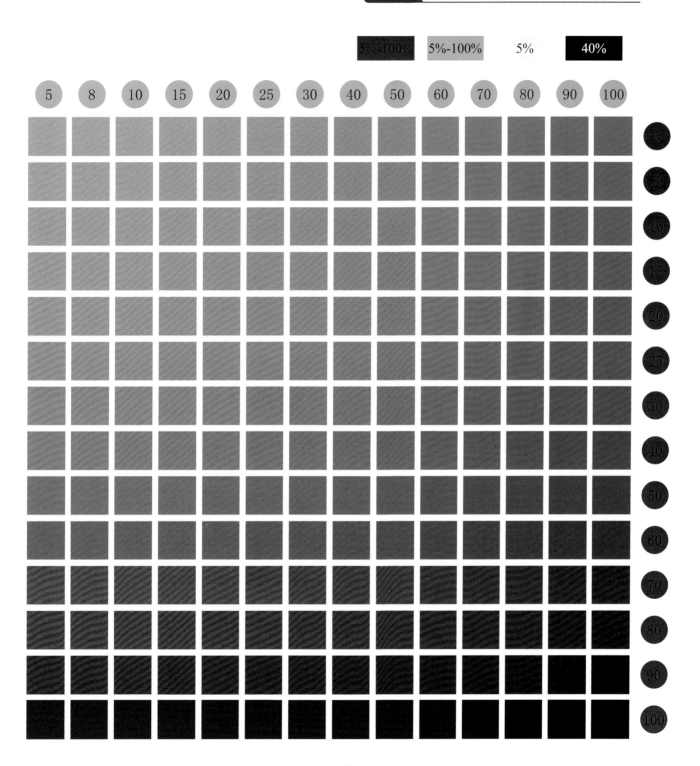

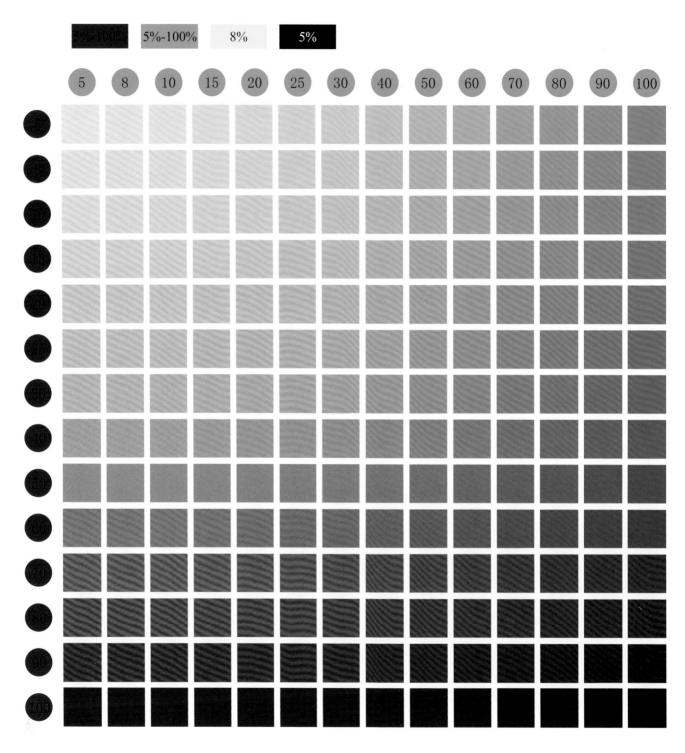

5%-100% 5%-100% 8% 10%

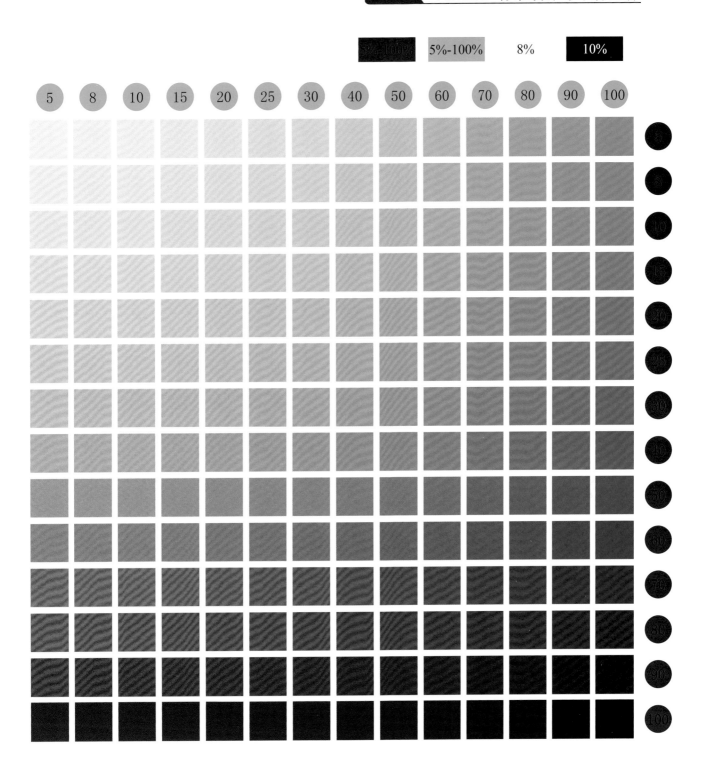

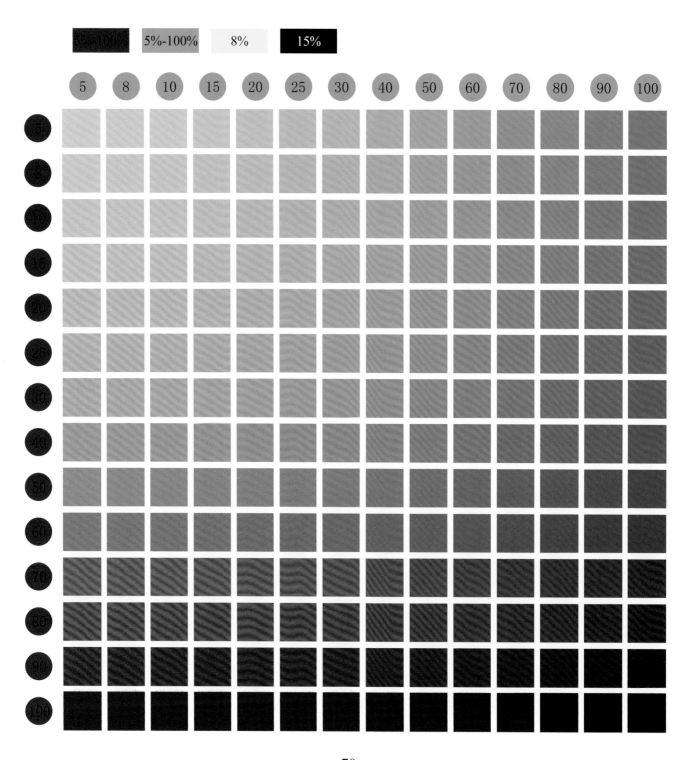

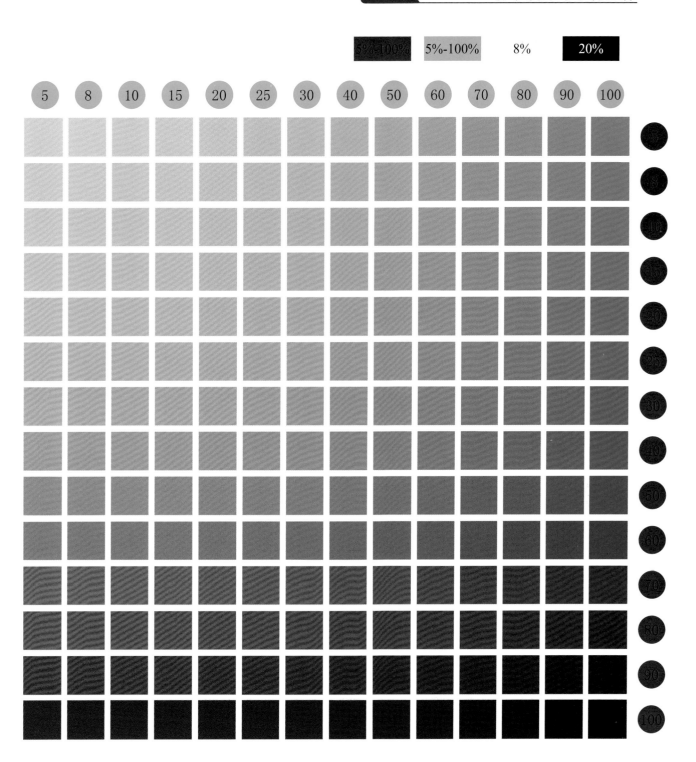

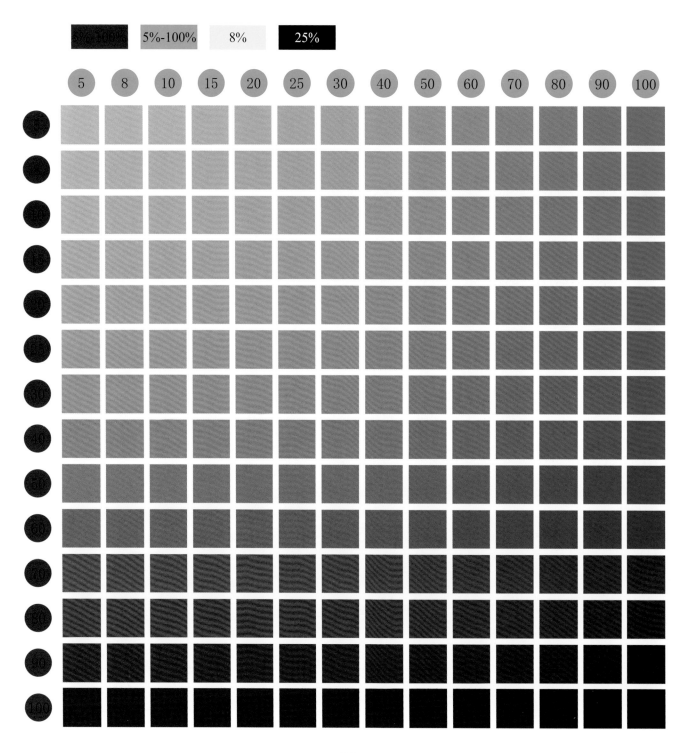

5%-100% 5%-100% 8% 30%

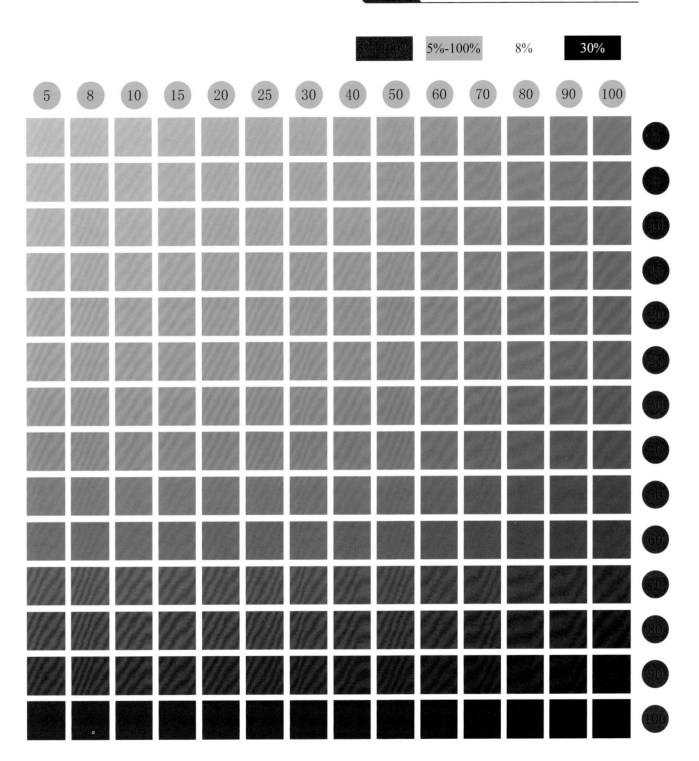

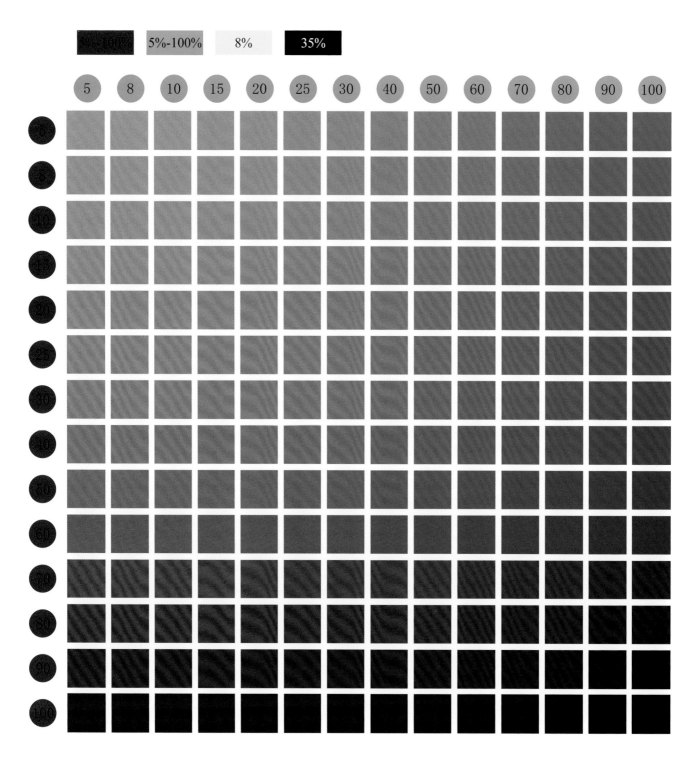

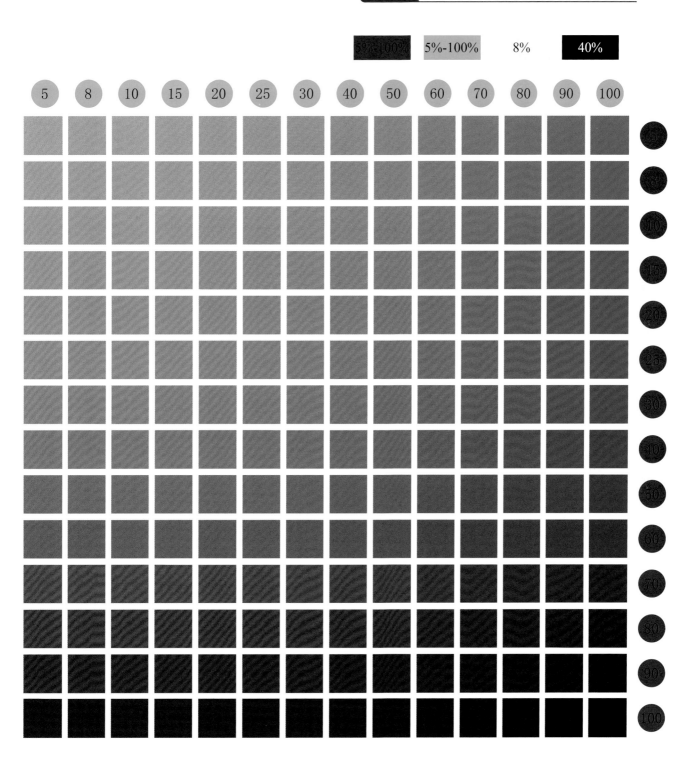

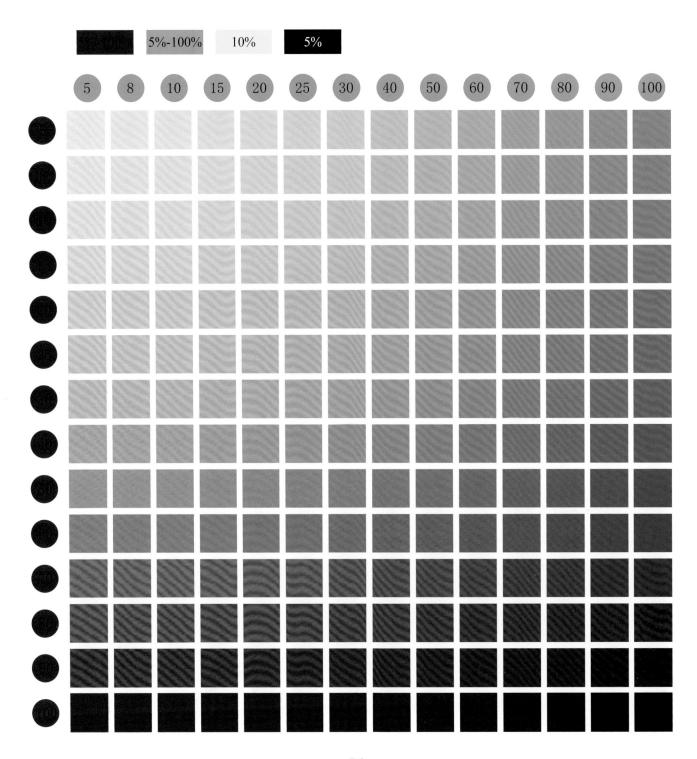

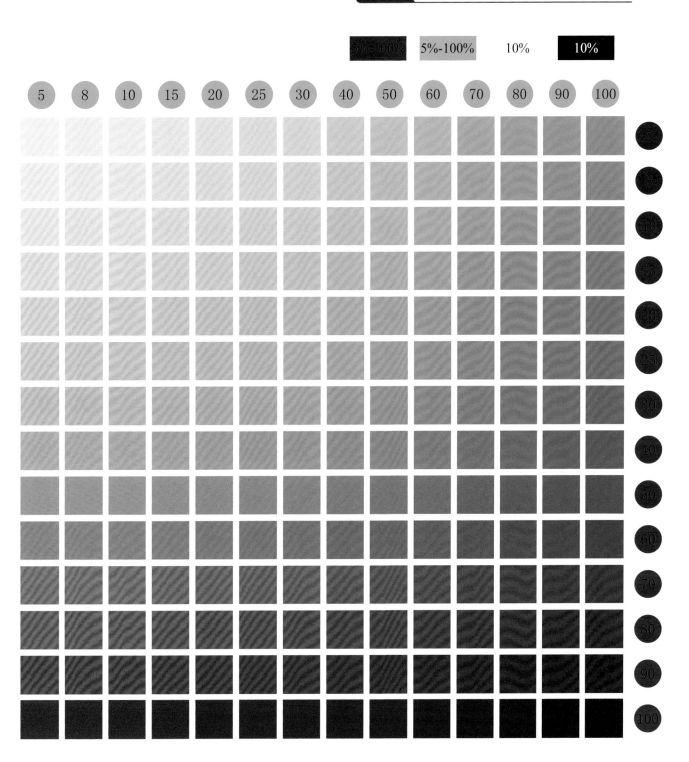

5%-100%
5%-100%
10%
10%
5
8
10
15
20
25
30
40
50
60
70
80
90
100
5
8
10
15
20
25
30
40
50
60
70
80
90
100

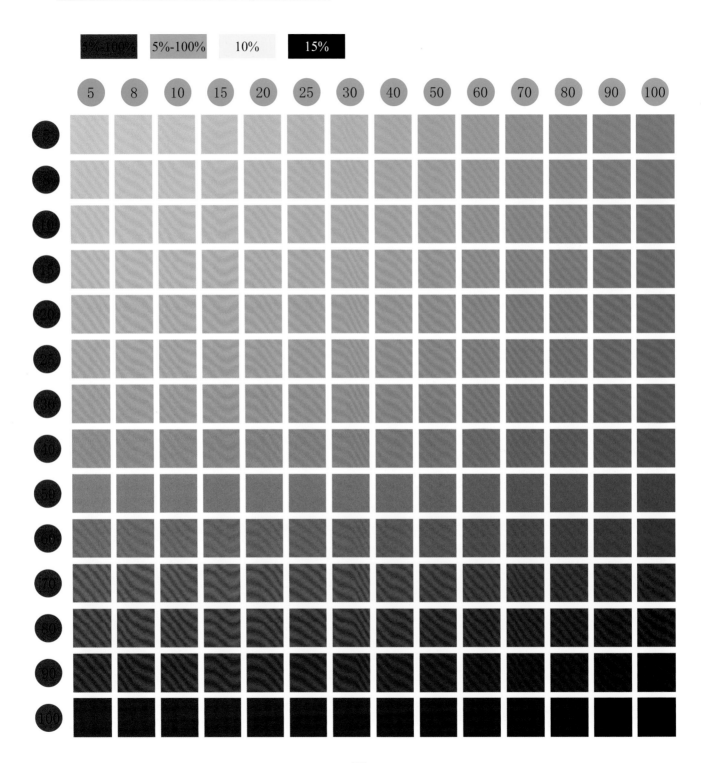

5%-100% 5%-100% 10% 20%

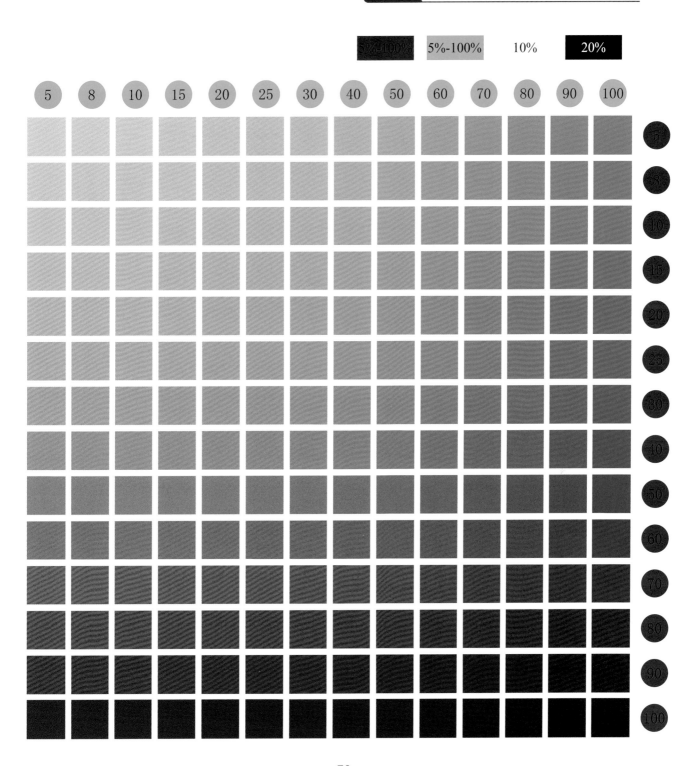

5%-100% 5%-100% 10% 25%

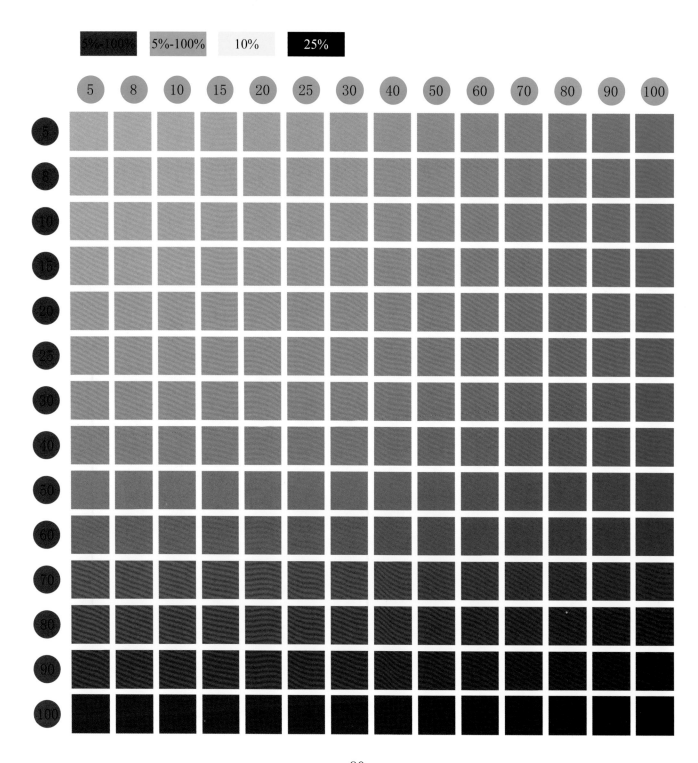

5%-100%　5%-100%　10%　30%

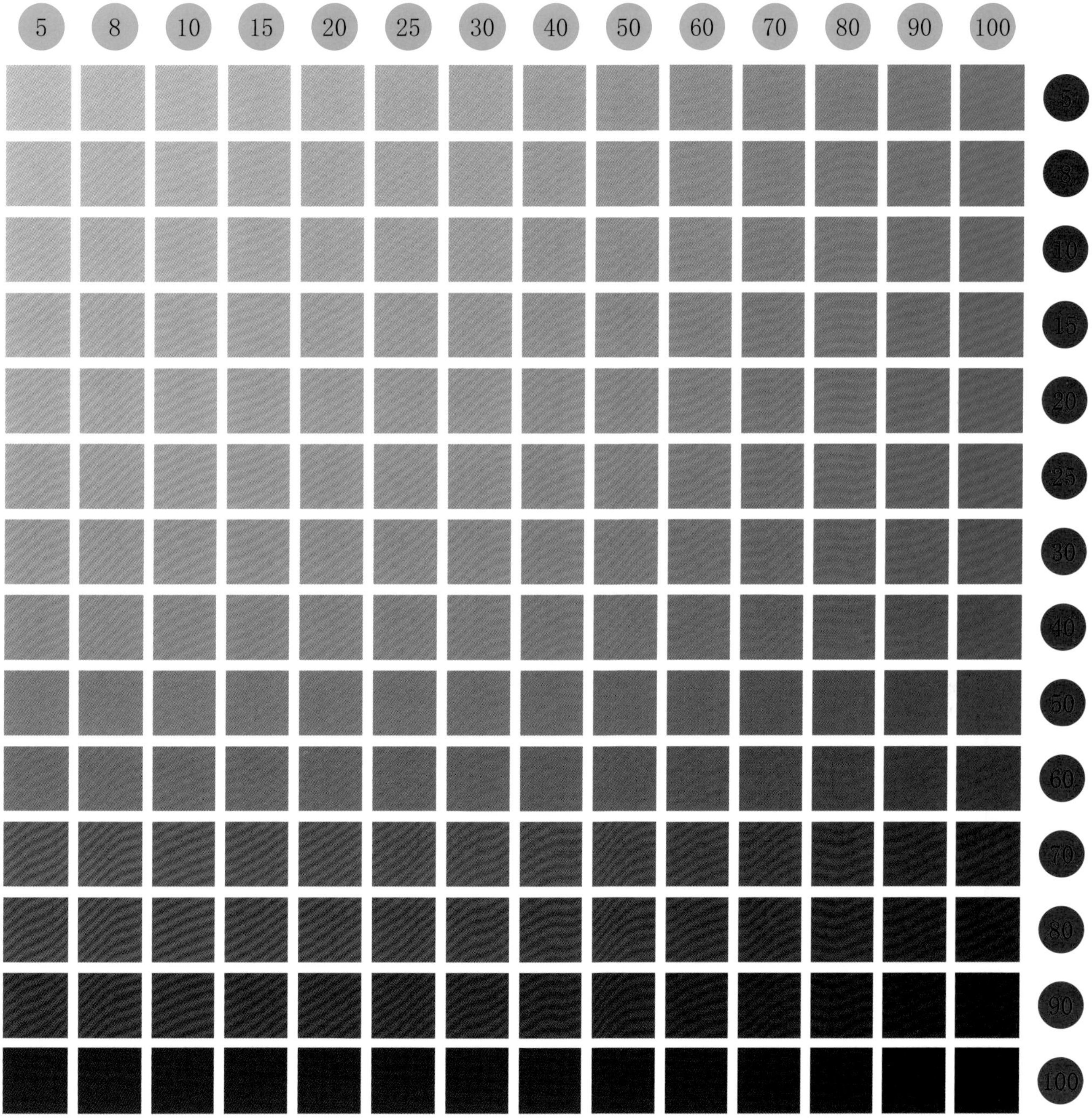

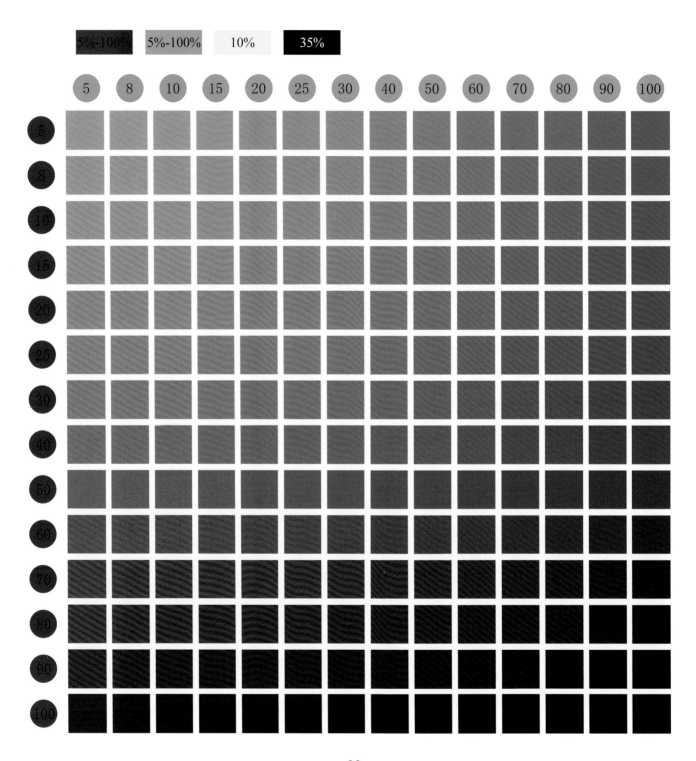

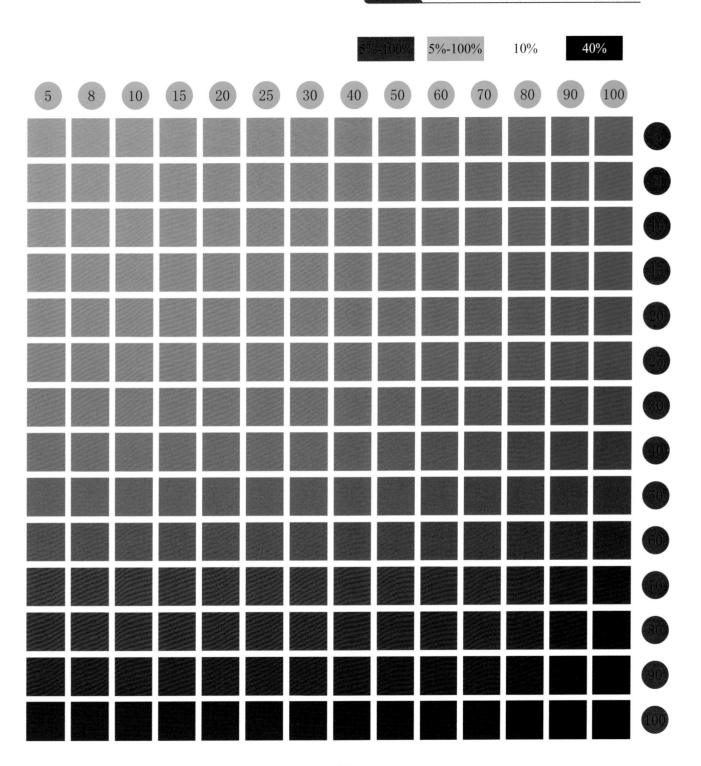

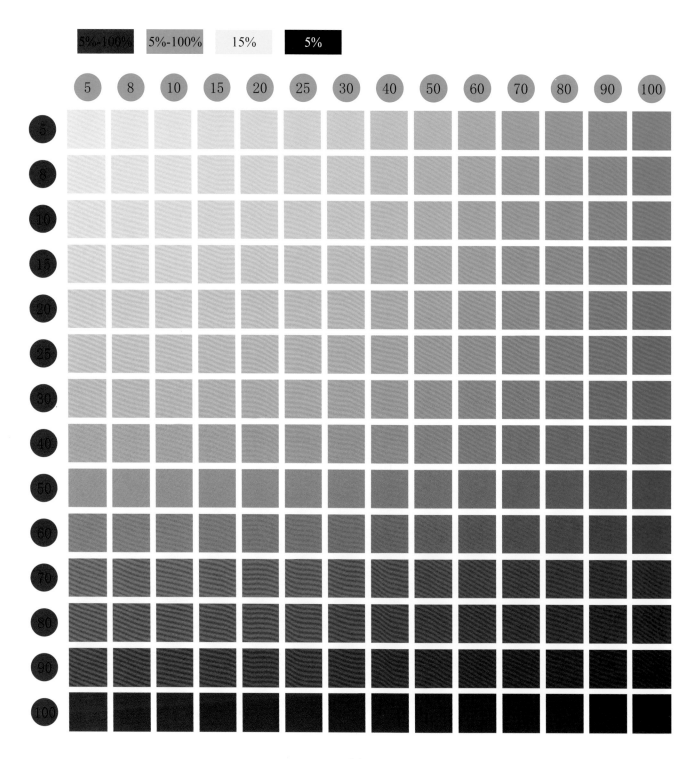

5%-100%　5%-100%　15%　10%

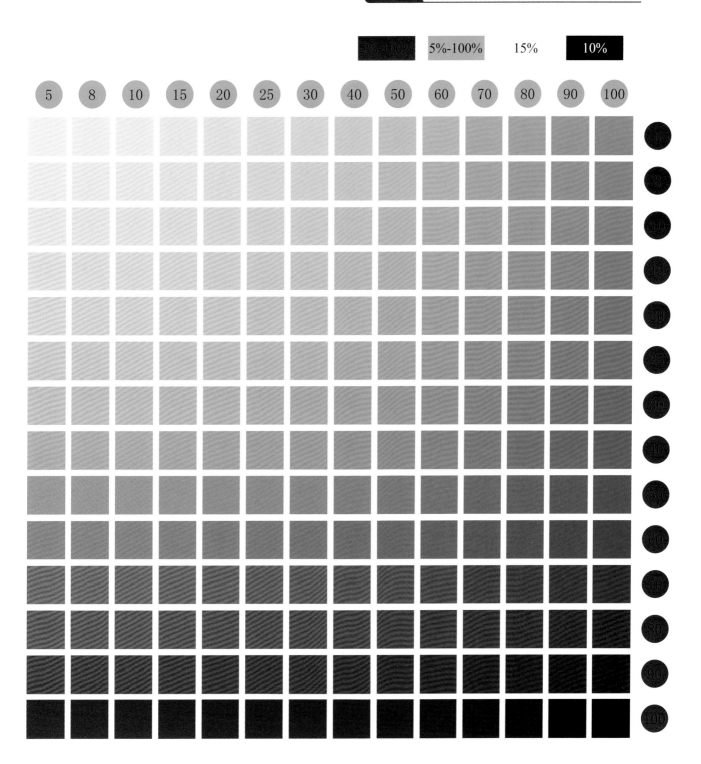

5%-100% | 5%-100% | 15% | 15%

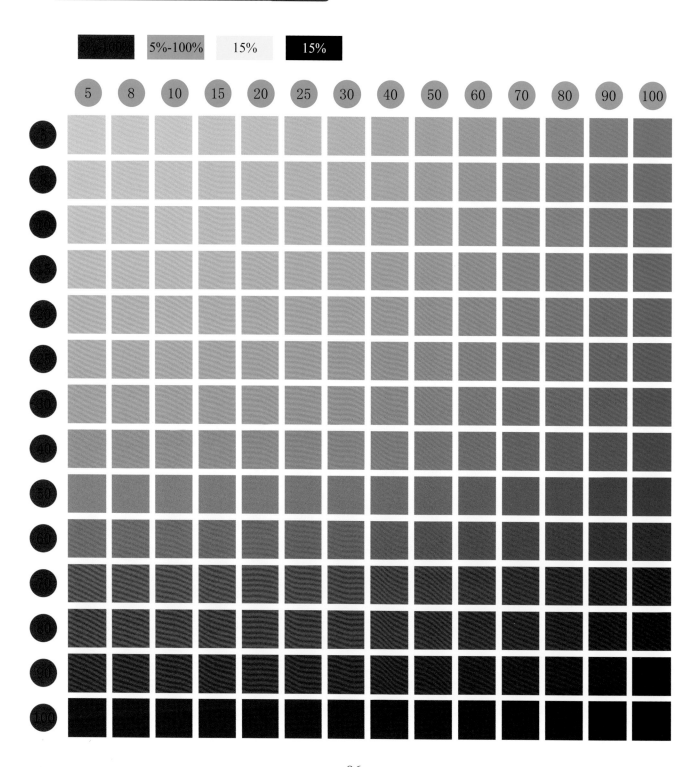

5%-100%　5%-100%　15%　20%

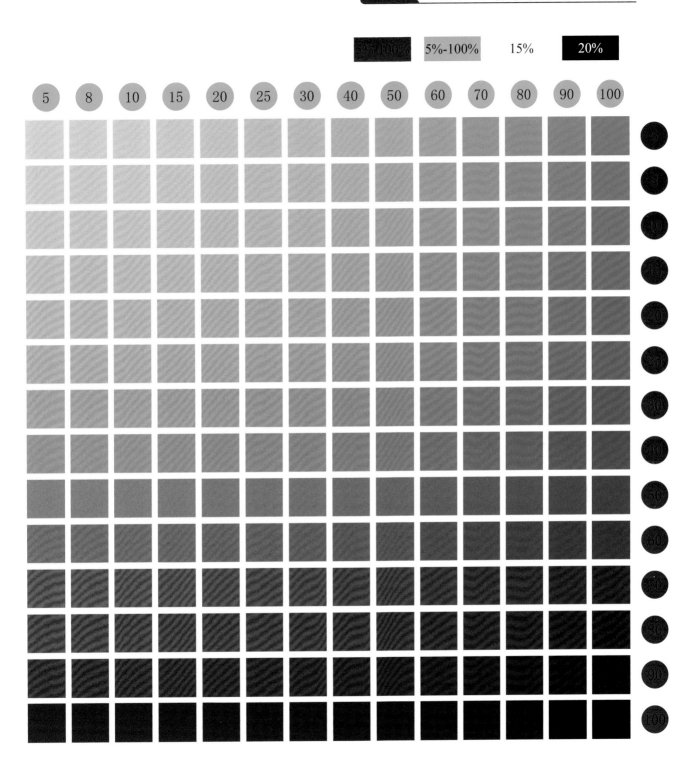

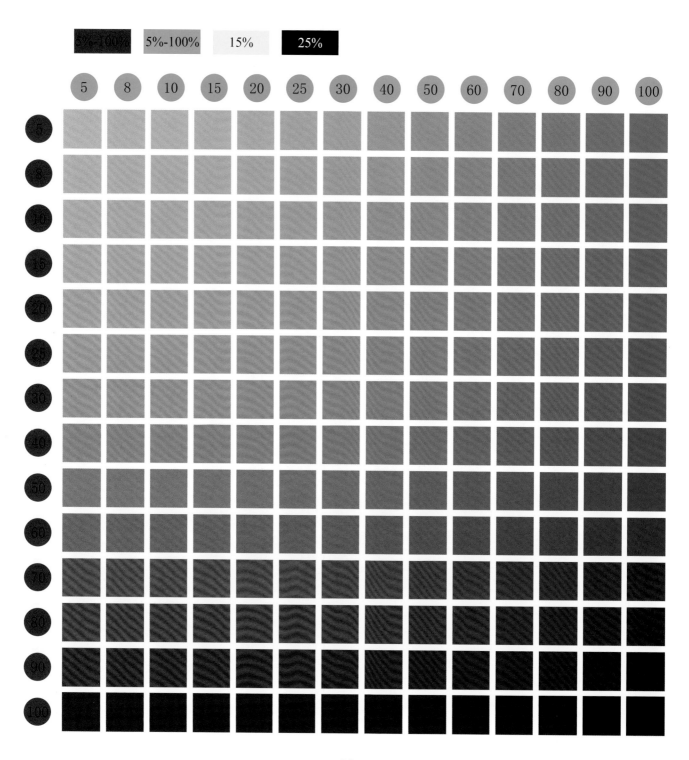

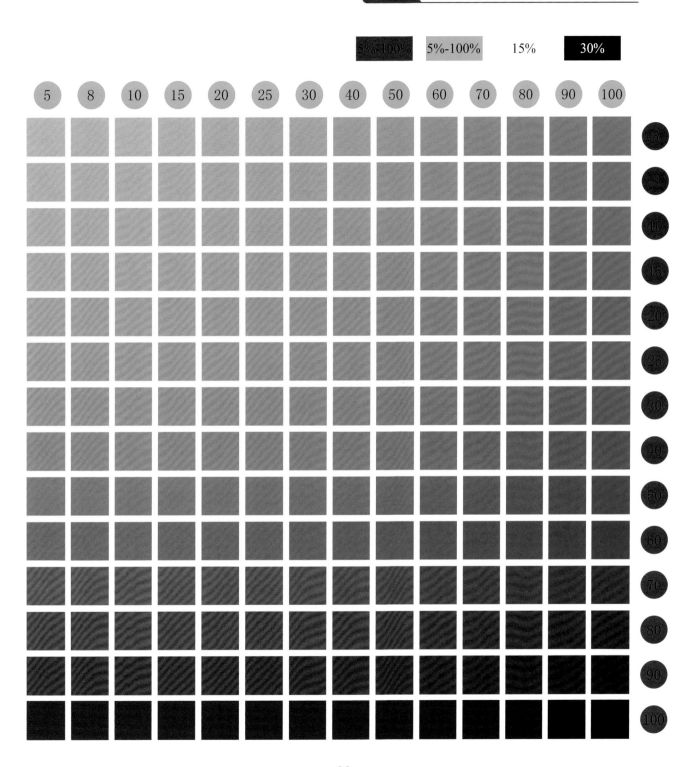

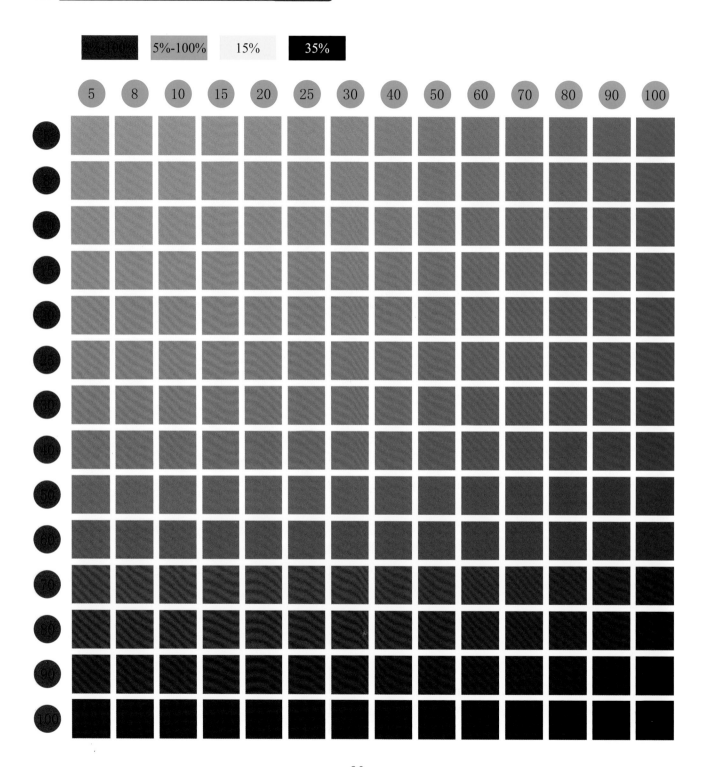

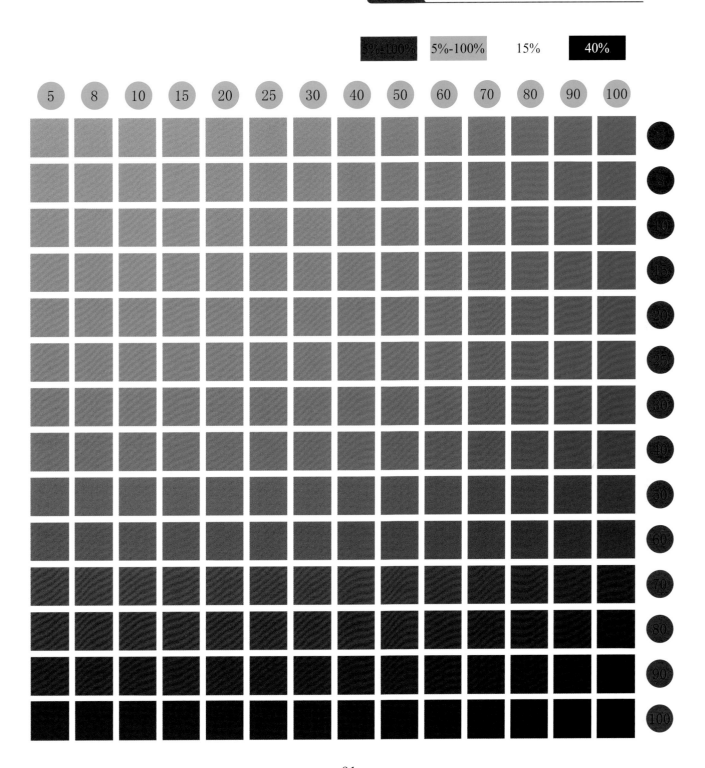

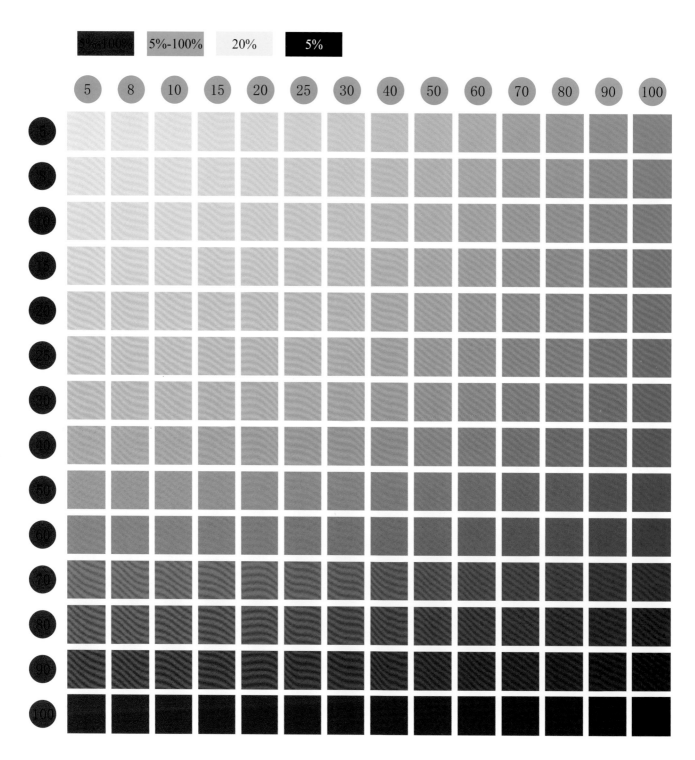

5%-100%	5%-100%	20%	10%

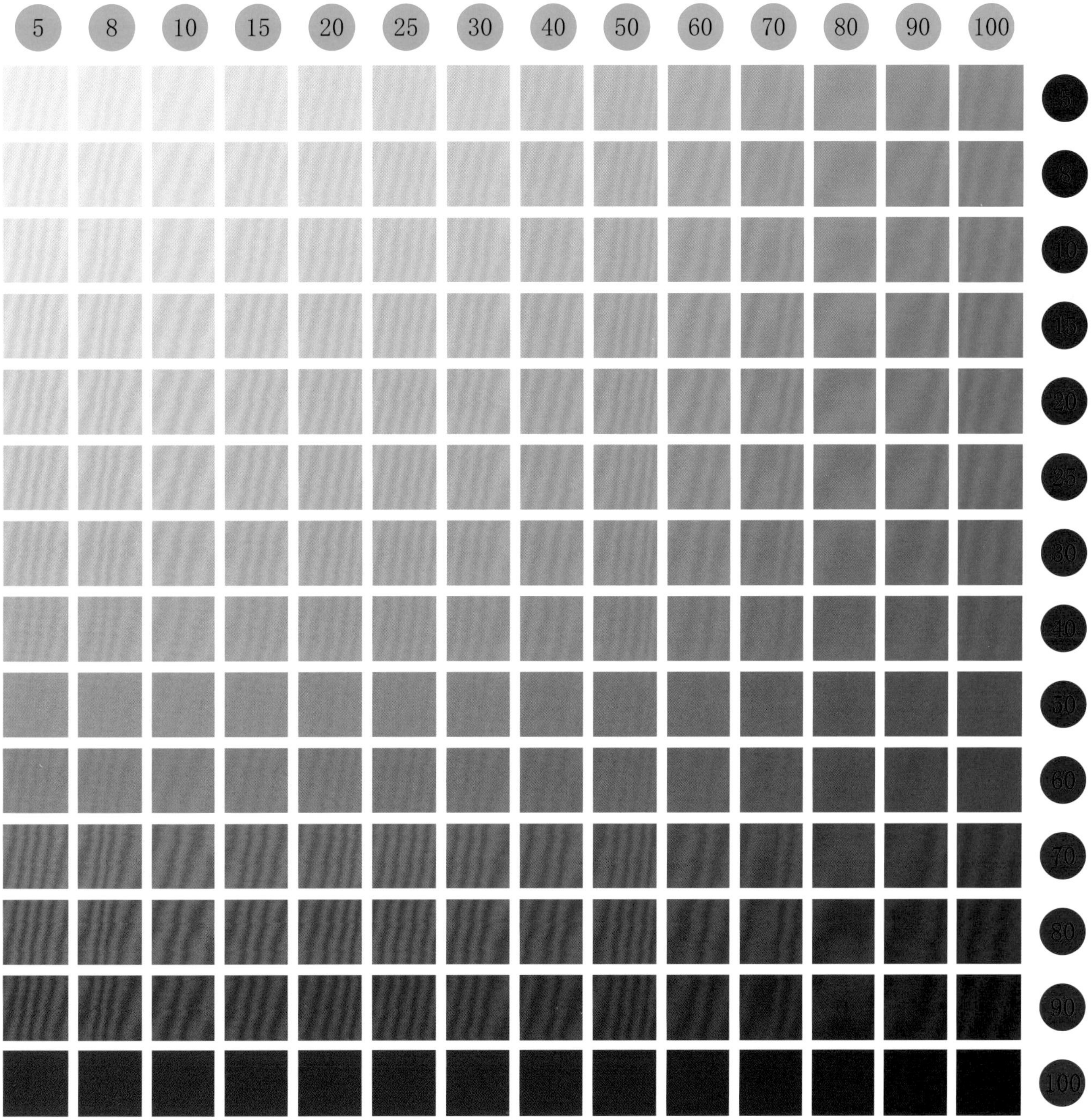

5	8	10	15	20	25	30	40	50	60	70	80	90	100

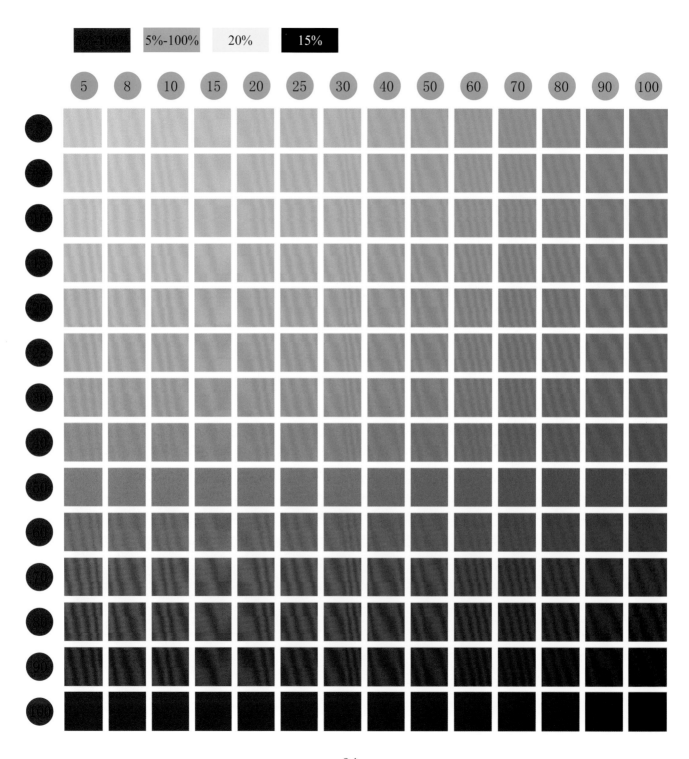

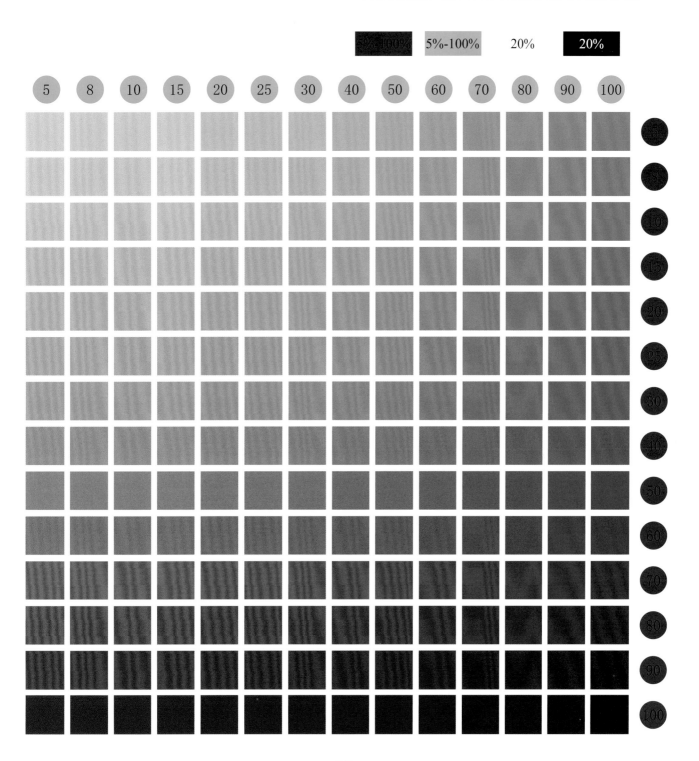

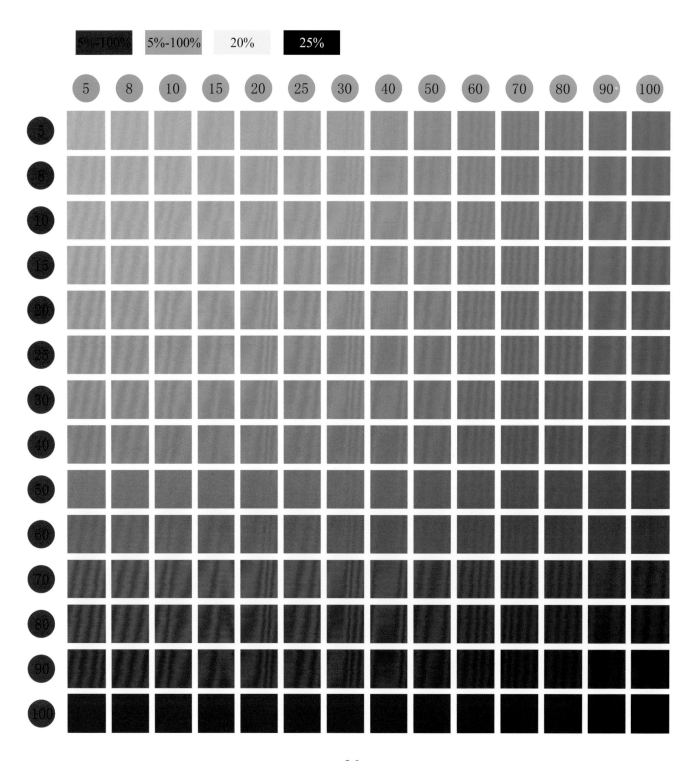

5%-100%　5%-100%　20%　30%

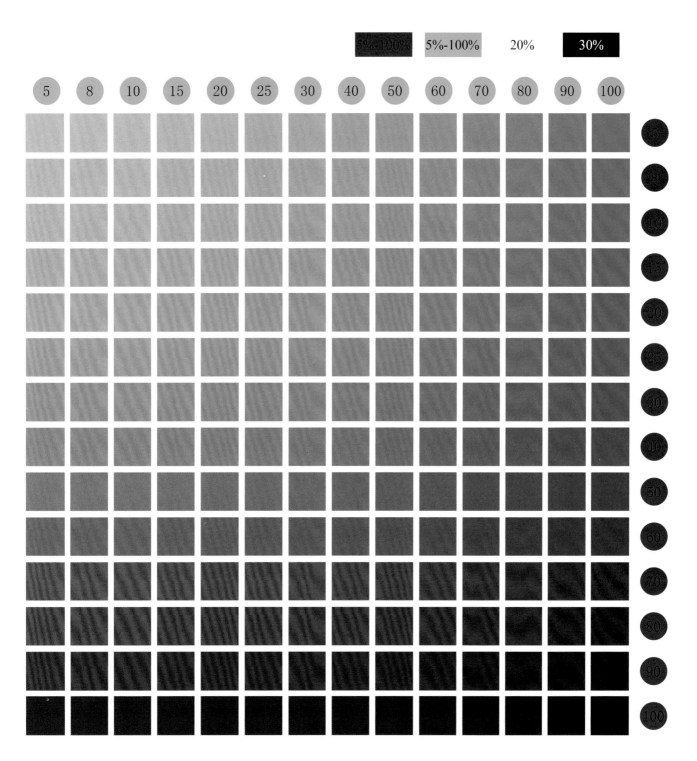

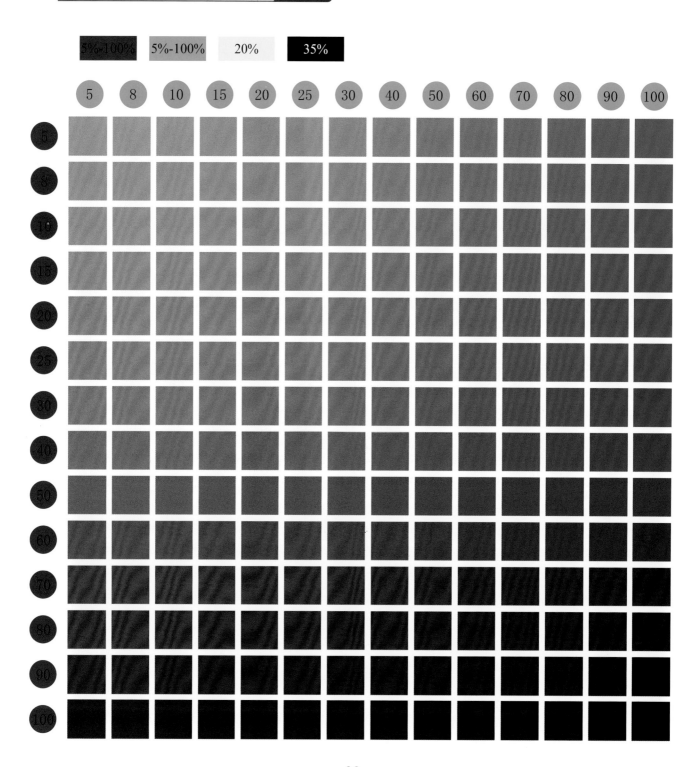

5%-100% 5%-100% 20% 40%

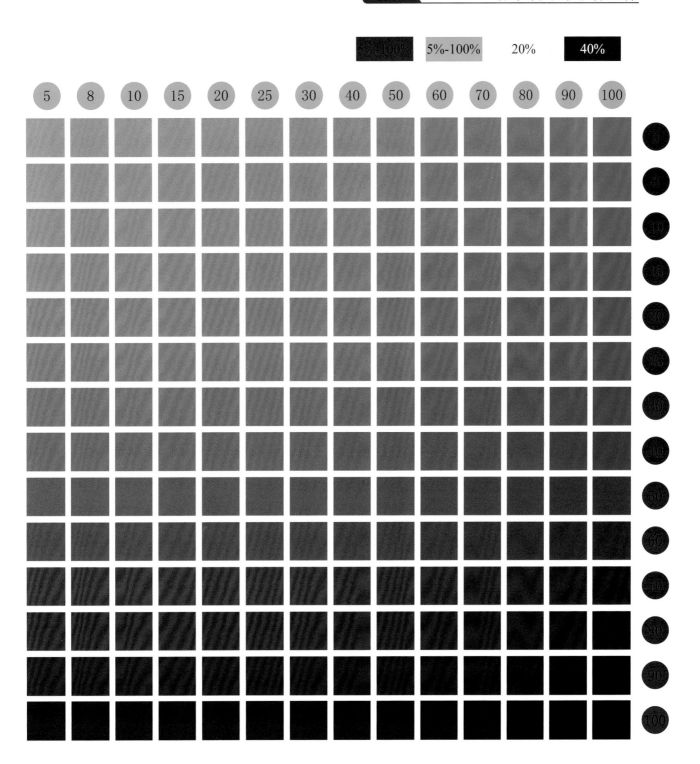

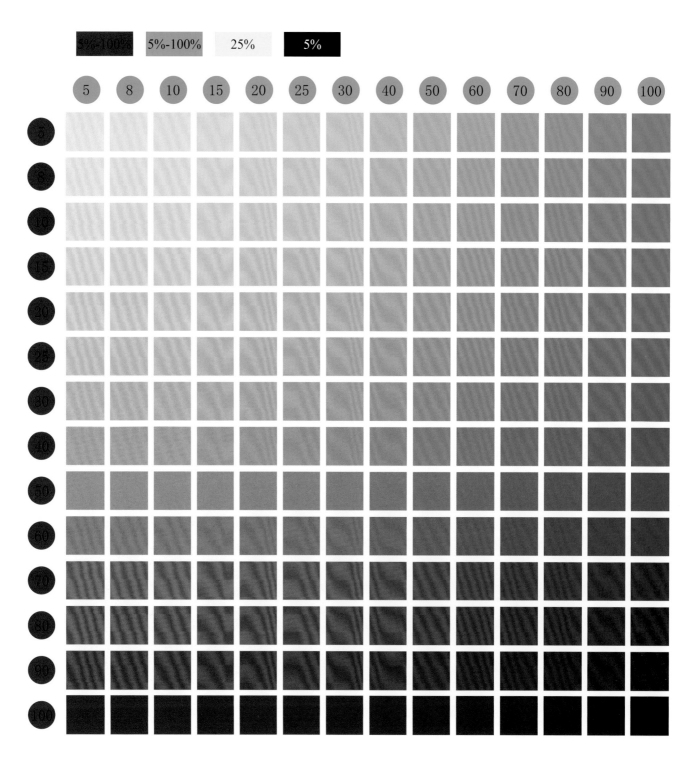

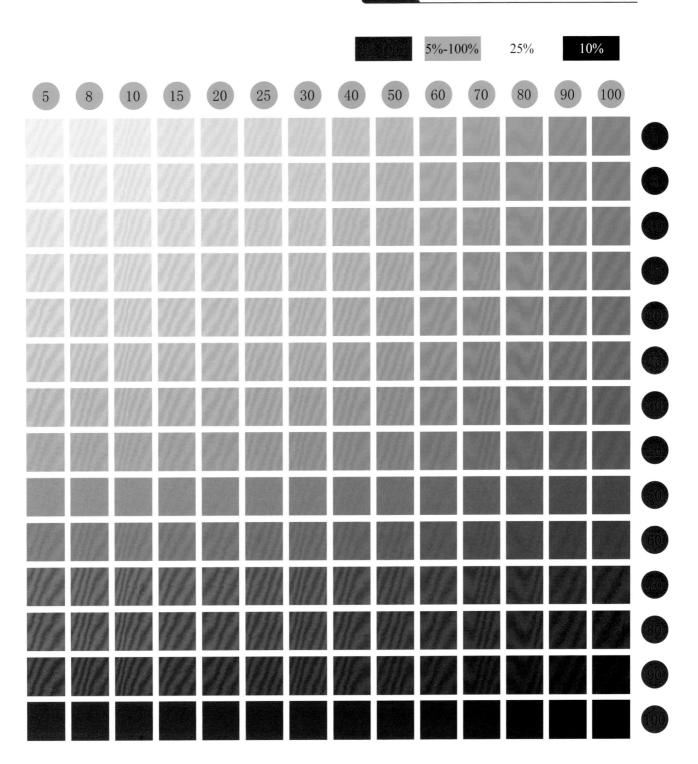

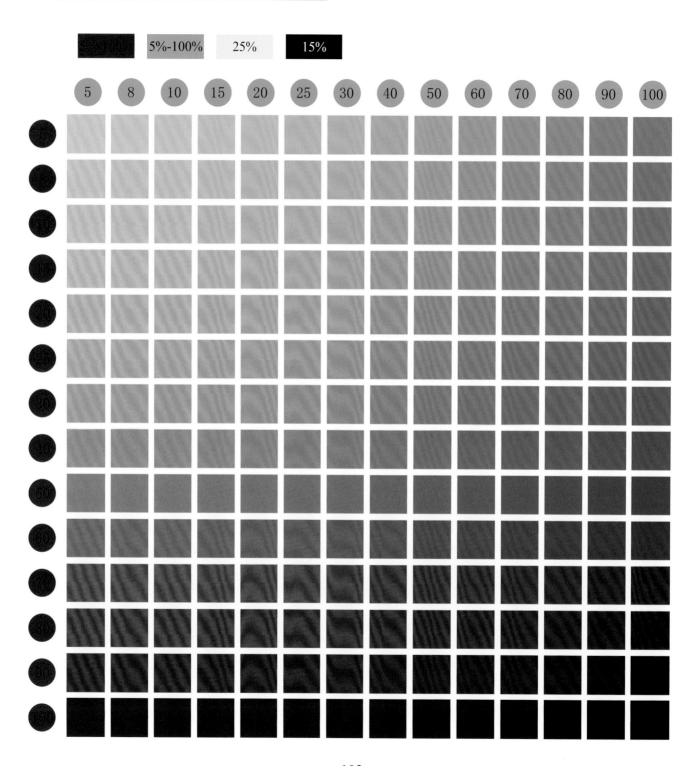

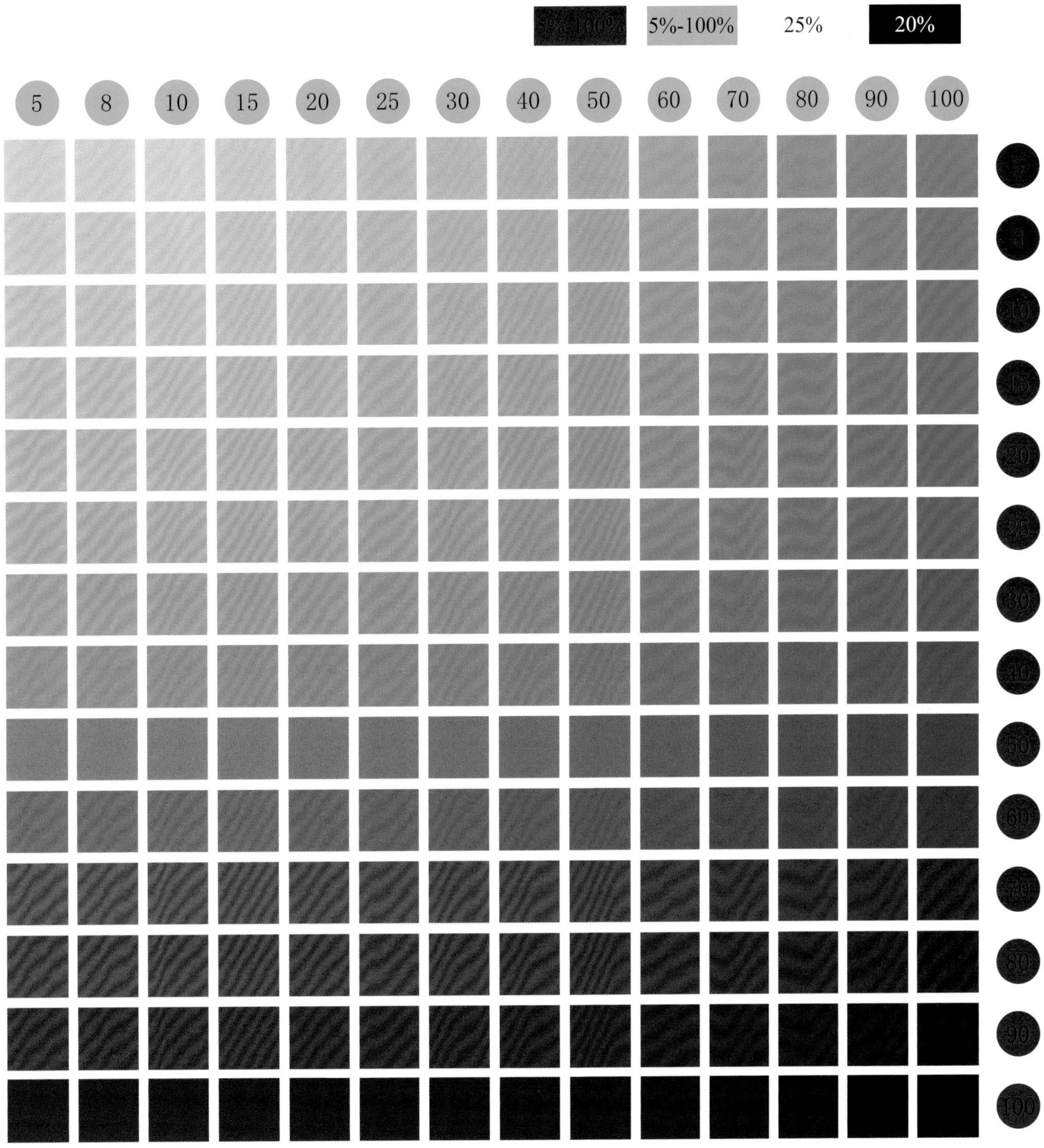

| 5%-100% | 5%-100% | 25% | 20% |

| 5 | 8 | 10 | 15 | 20 | 25 | 30 | 40 | 50 | 60 | 70 | 80 | 90 | 100 |

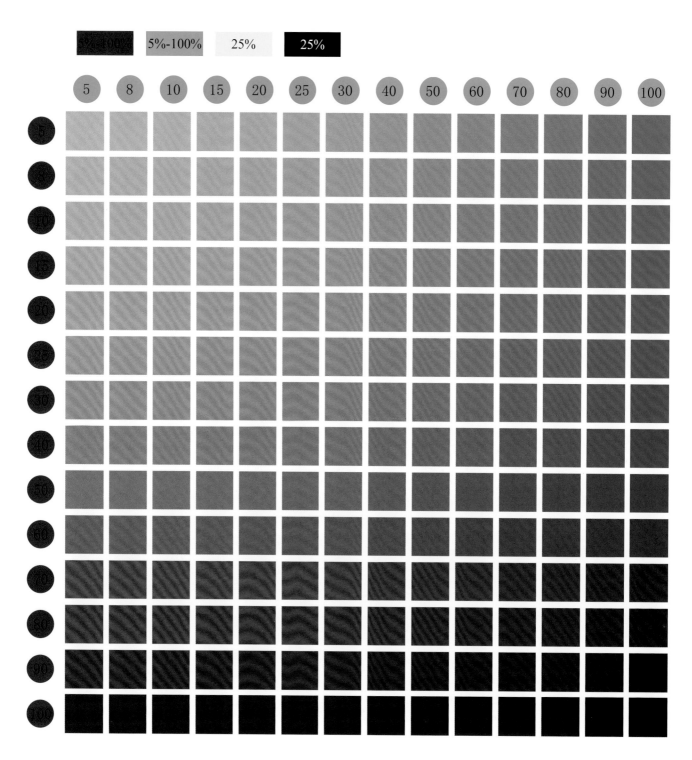

| 5%-100% | 5%-100% | 25% | **30%** |

| 5 | 8 | 10 | 15 | 20 | 25 | 30 | 40 | 50 | 60 | 70 | 80 | 90 | 100 |

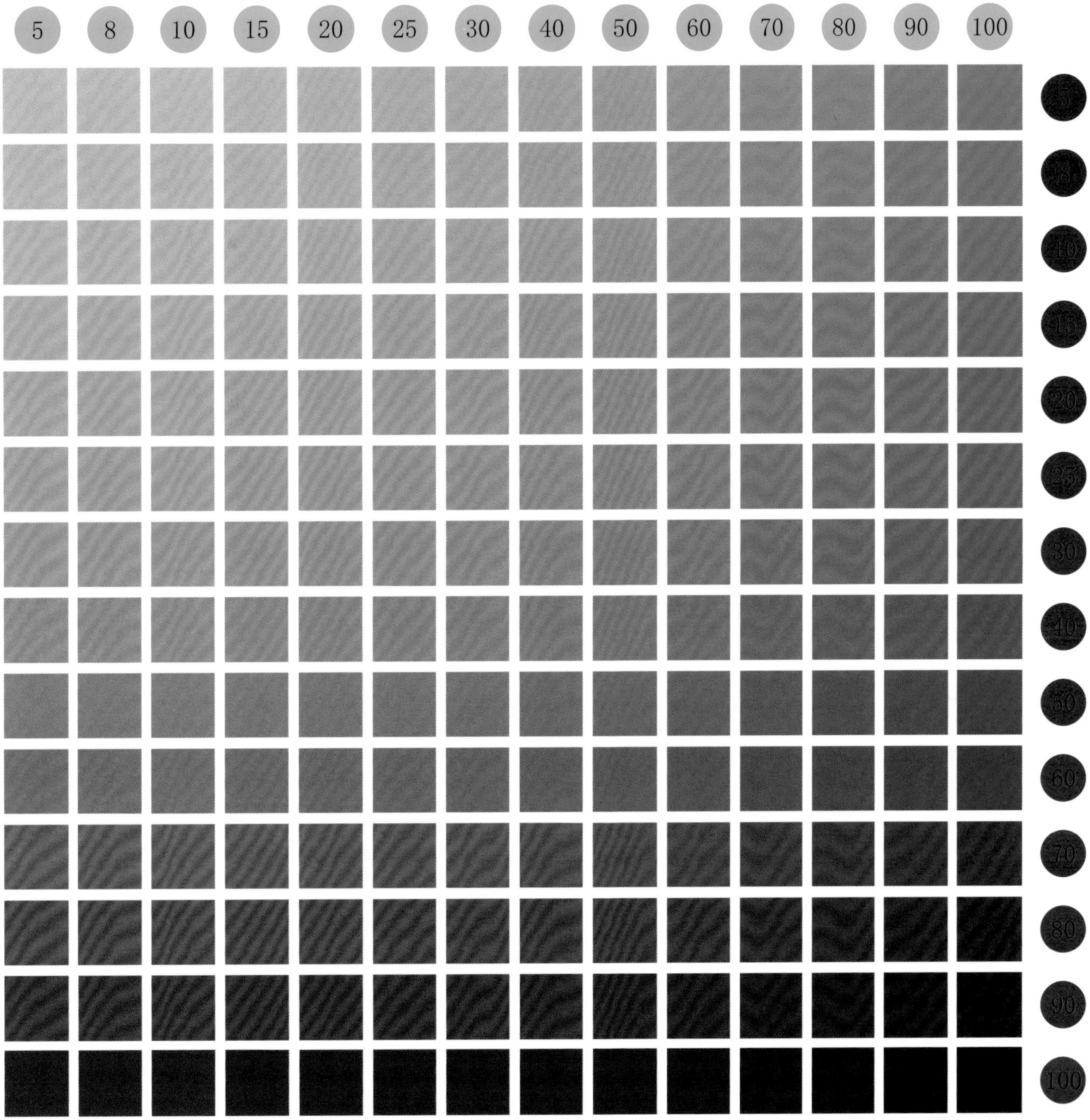

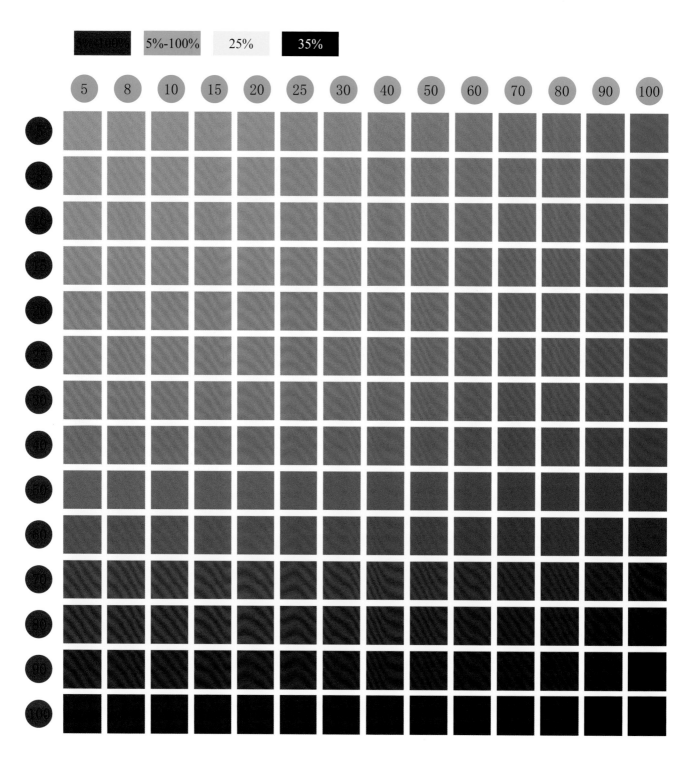

5%-100%　5%-100%　25%　40%

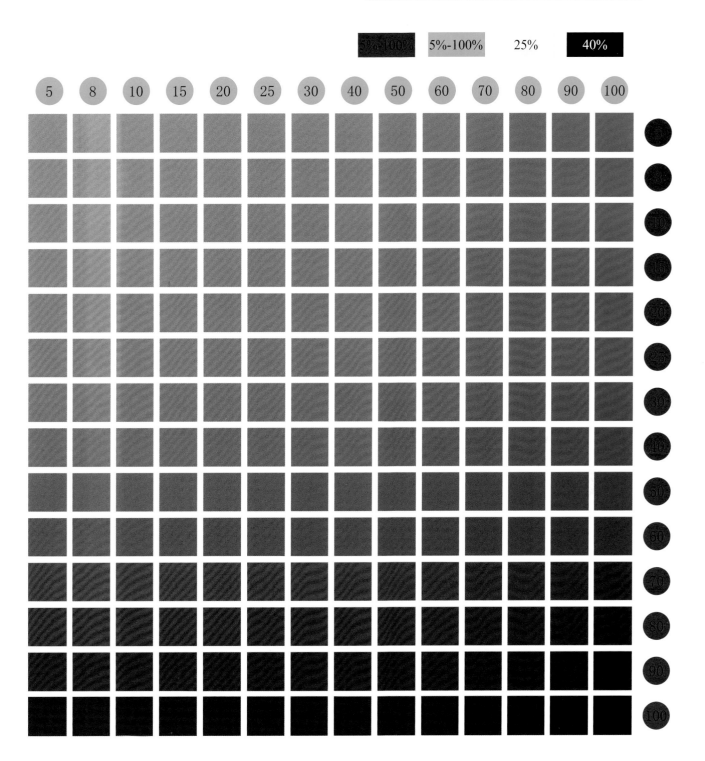

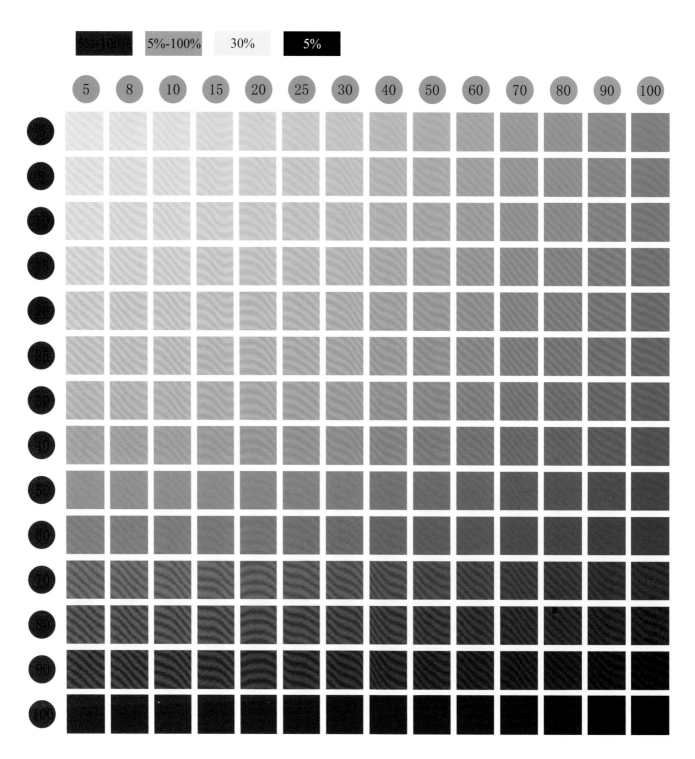

5%-100%
5%-100%
30%
10%
5
8
10
15
20
25
30
40
50
60
70
80
90
100
5
8
10
15
20
25
30
40
50
60
70
80
90
100

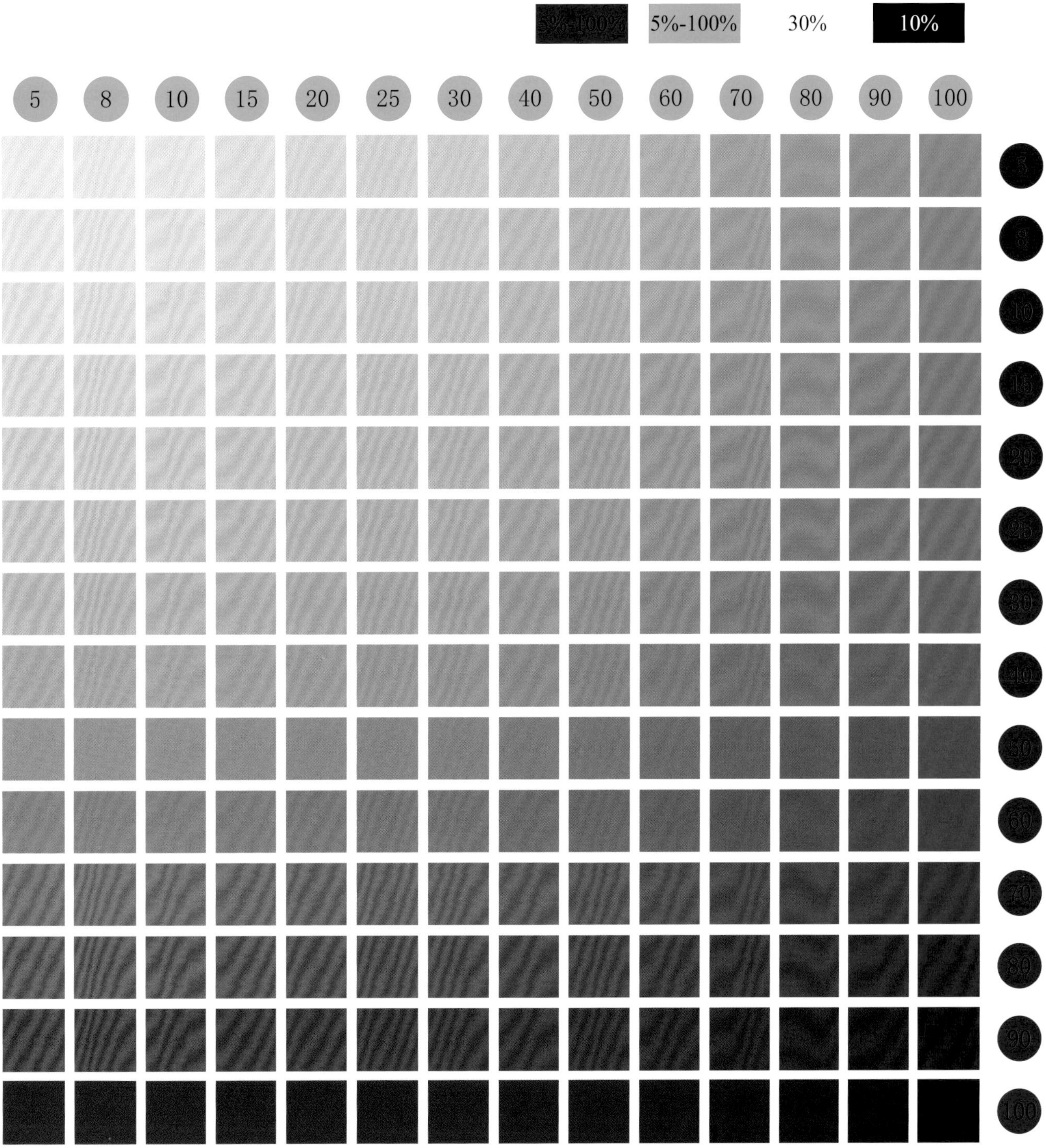

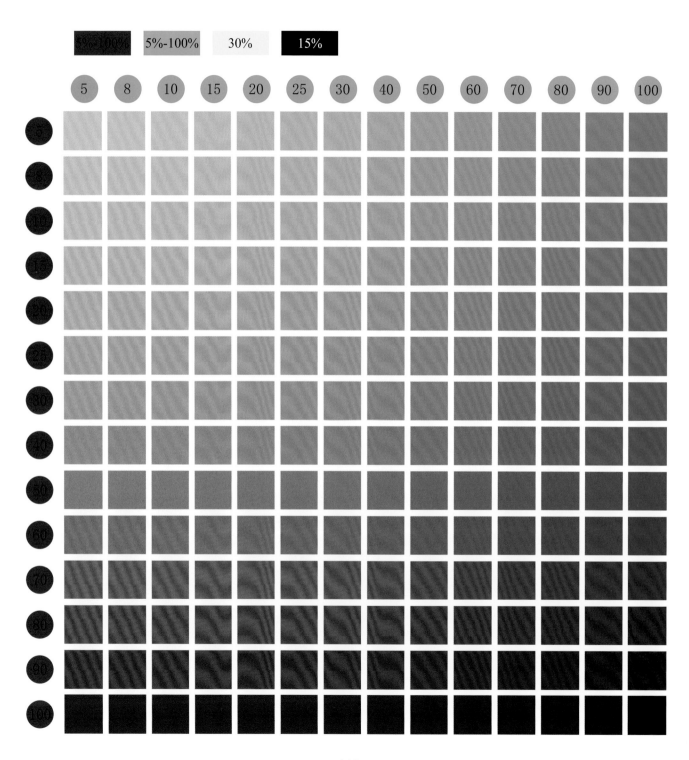

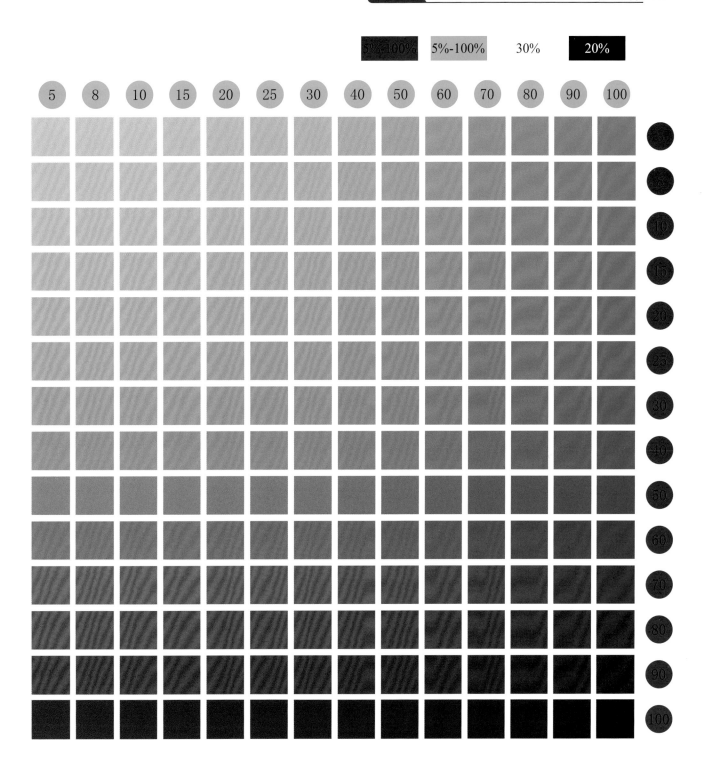

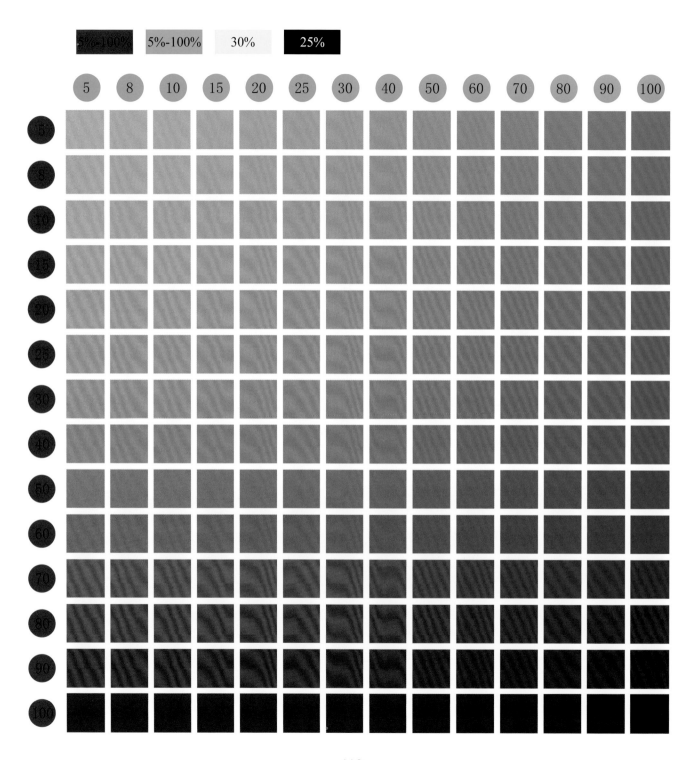

5%-100% | 5%-100% | 30% | 30%

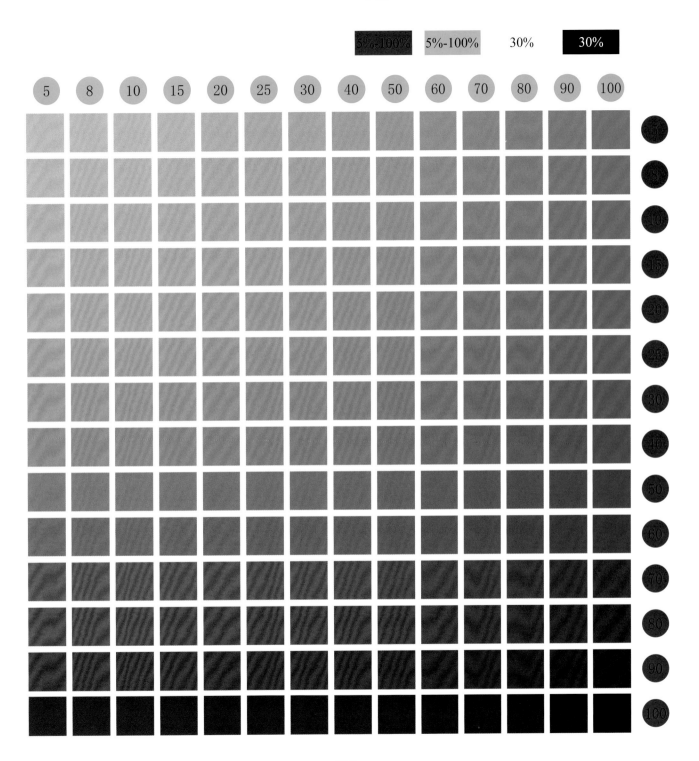

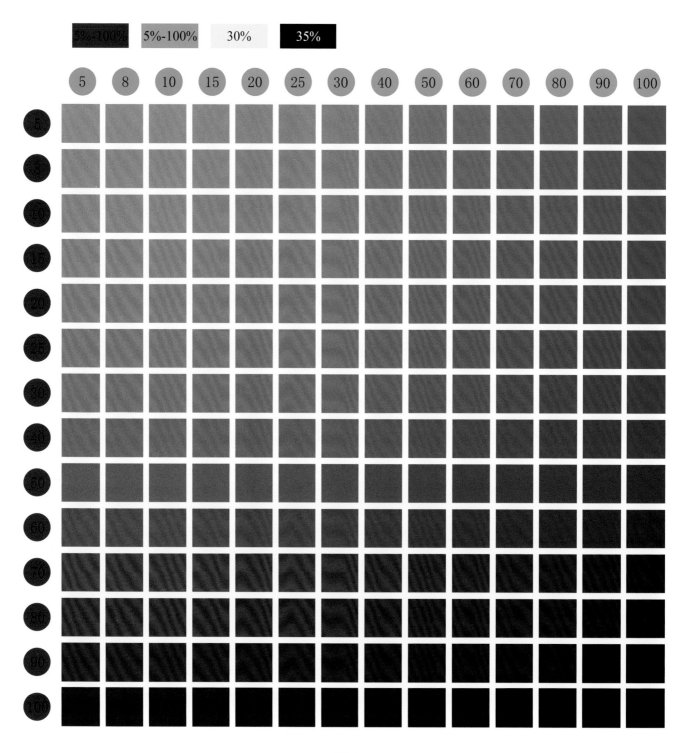

5%-100%　5%-100%　30%　40%

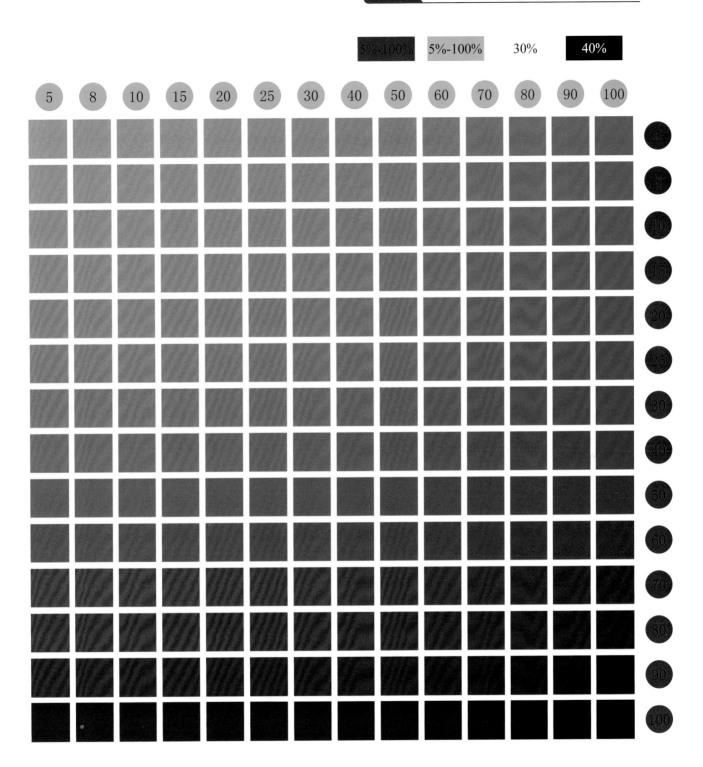

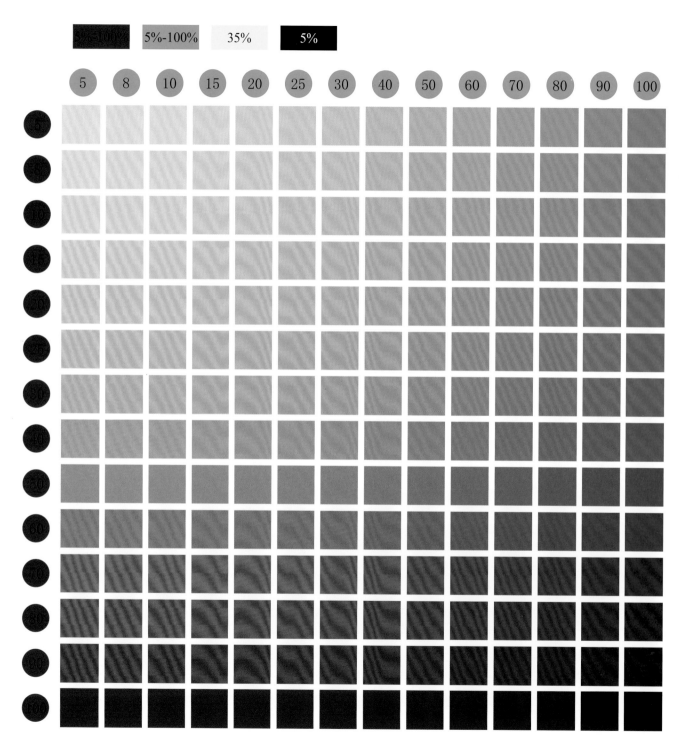

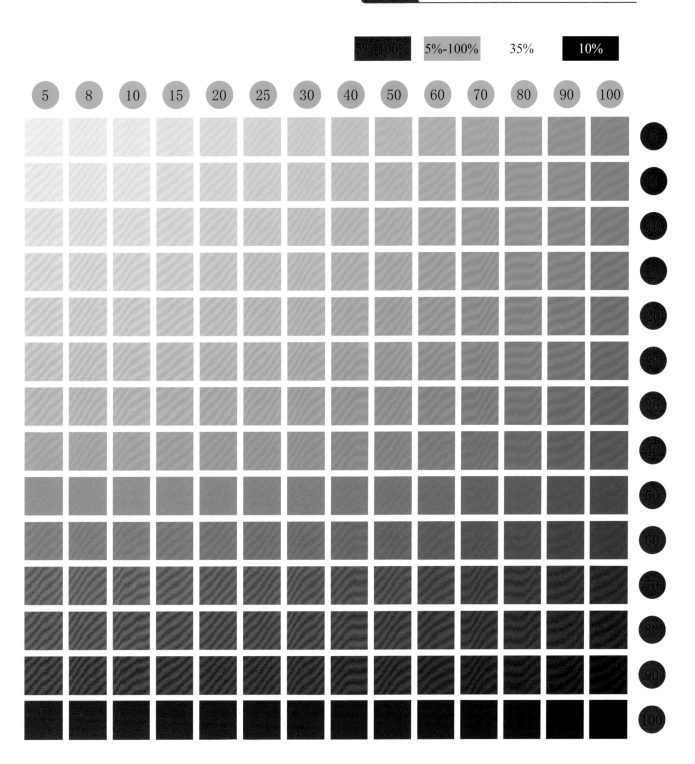

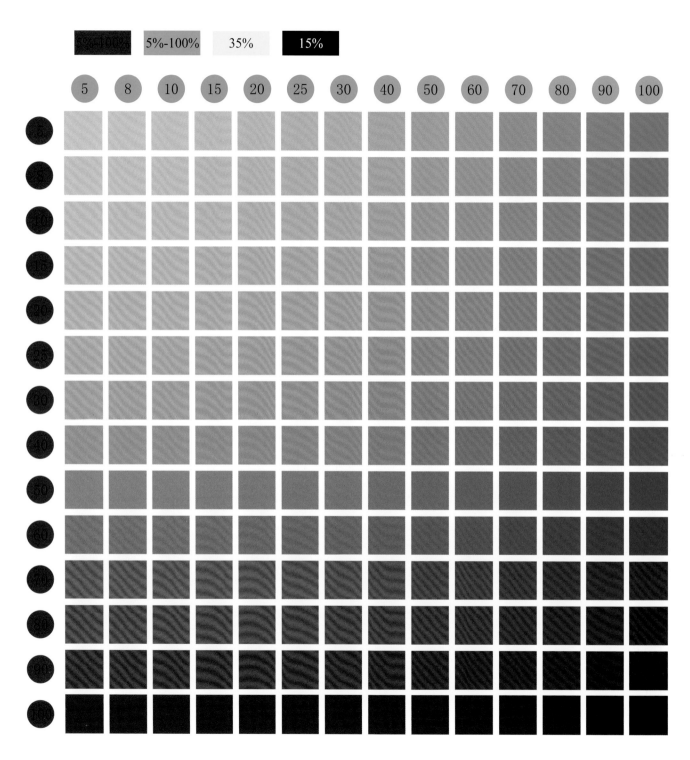

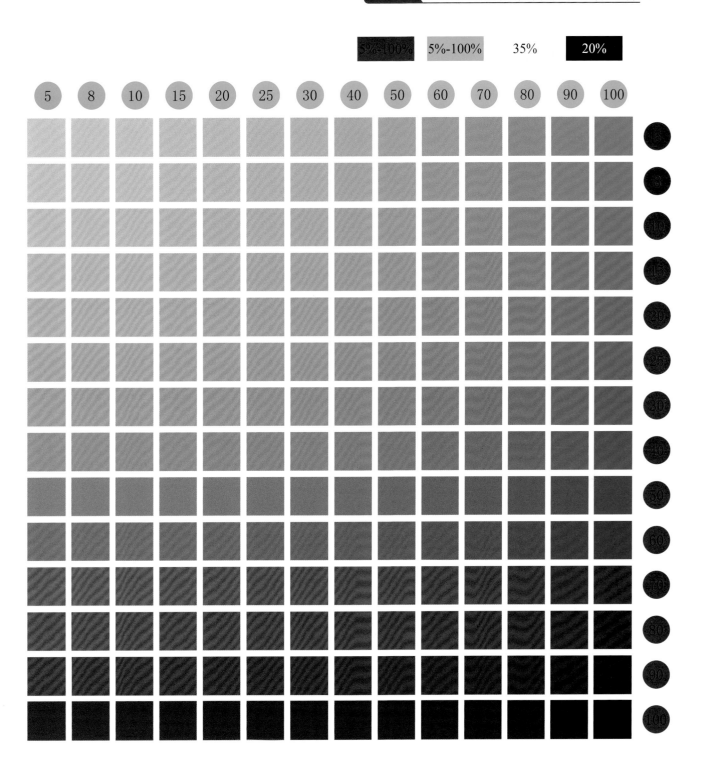

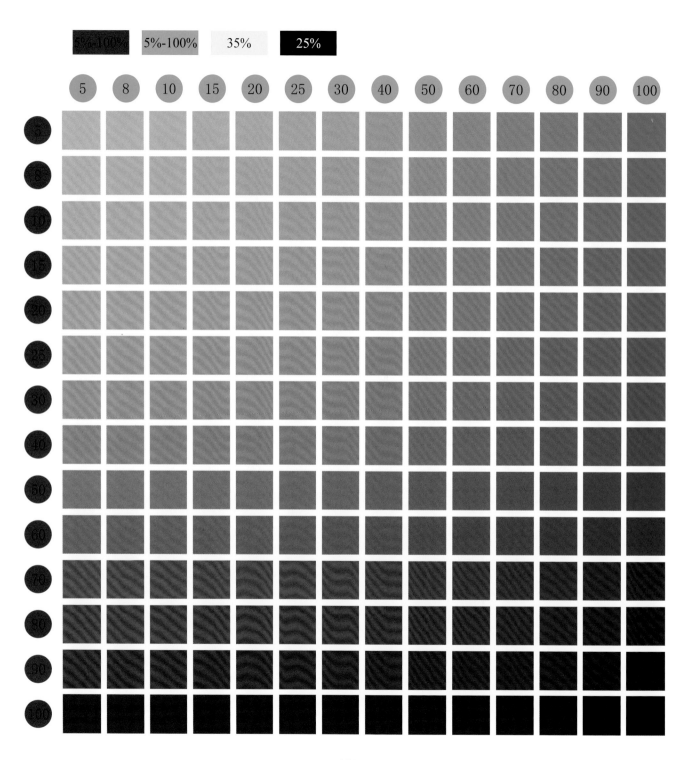

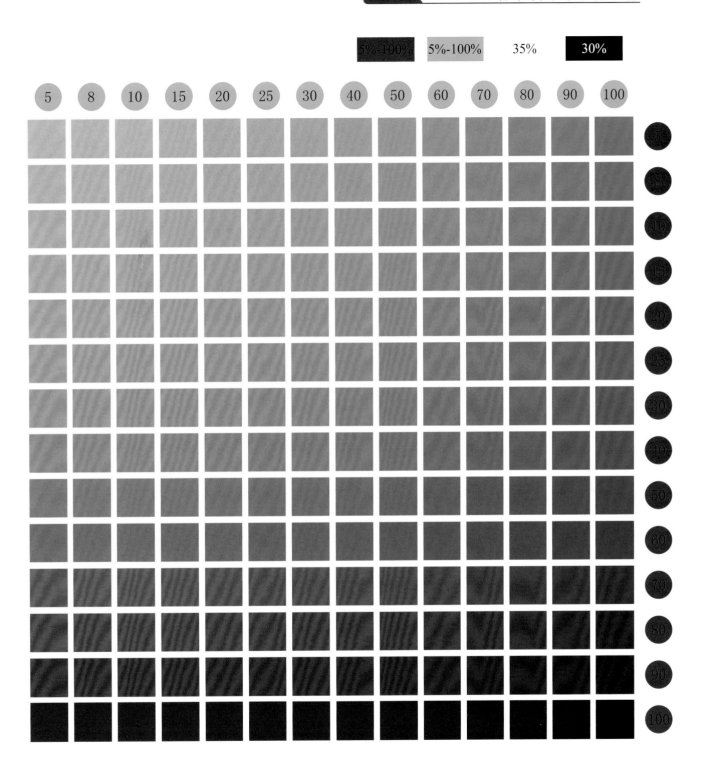

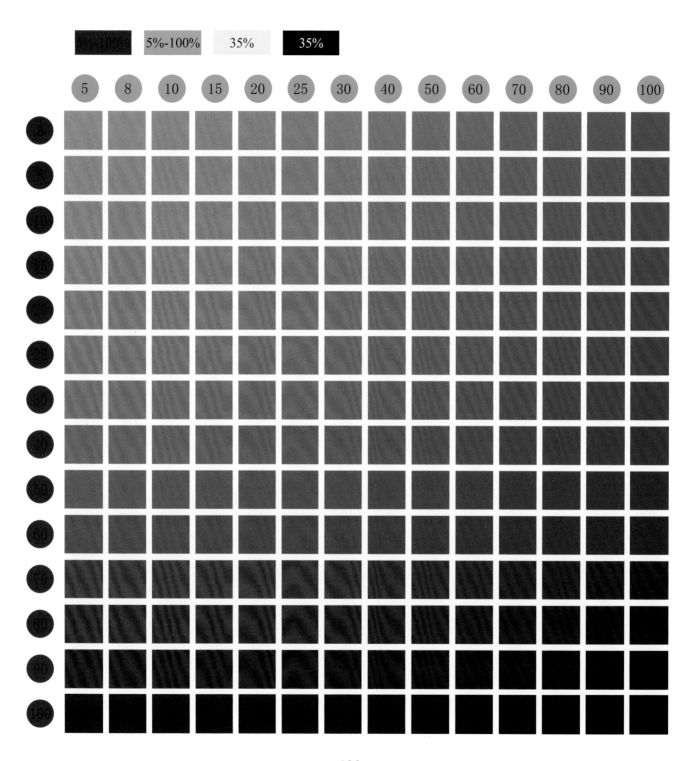

5%-100%
5%-100%
35%
40%
5 8 10 15 20 25 30 40 50 60 70 80 90 100
5
8
10
15
20
25
30
40
50
60
70
80
90
100

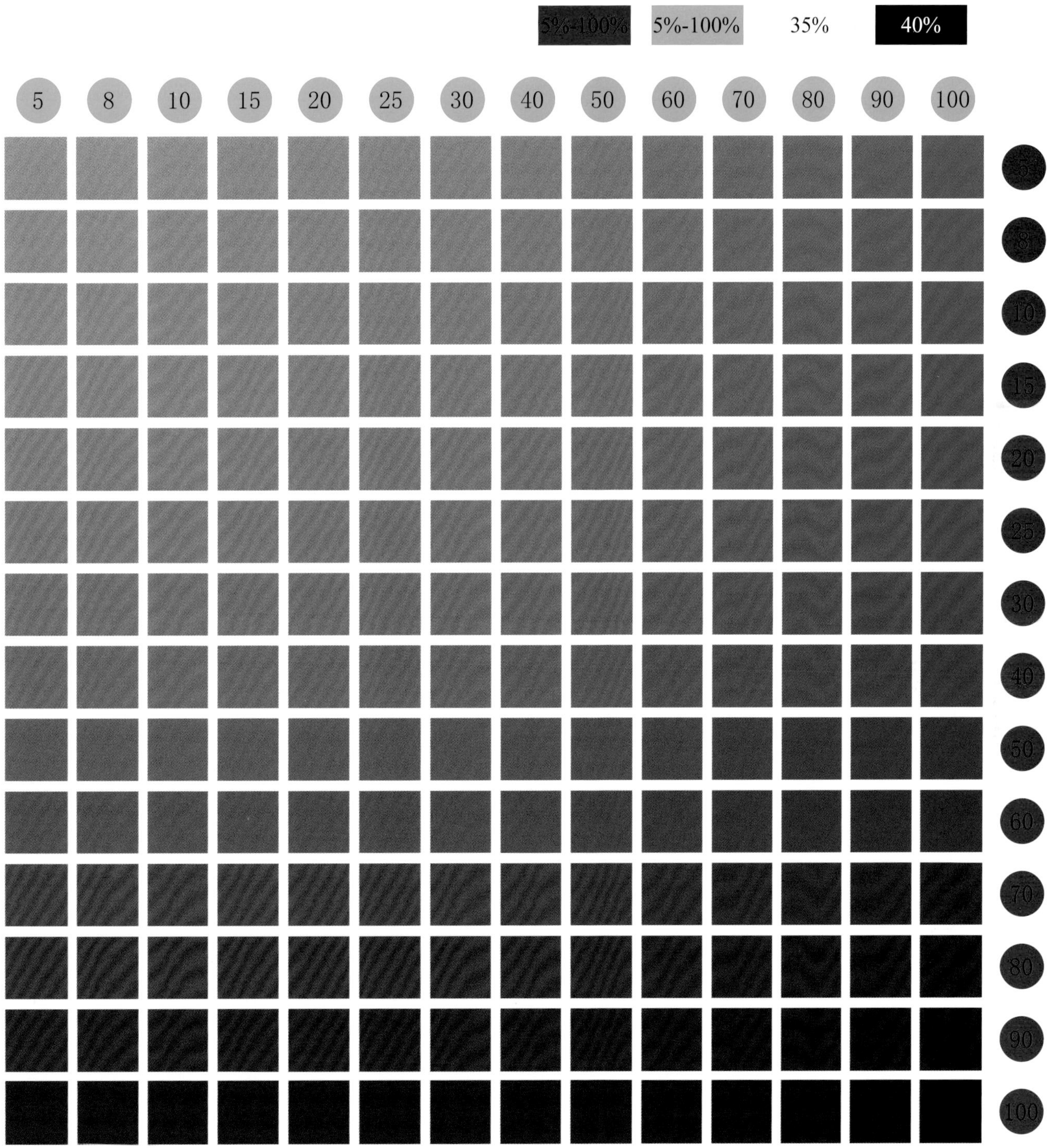

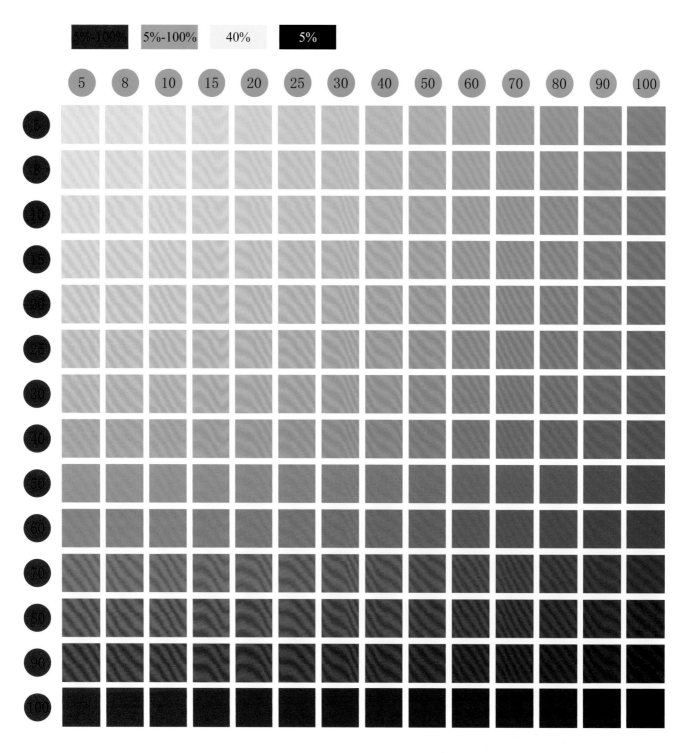

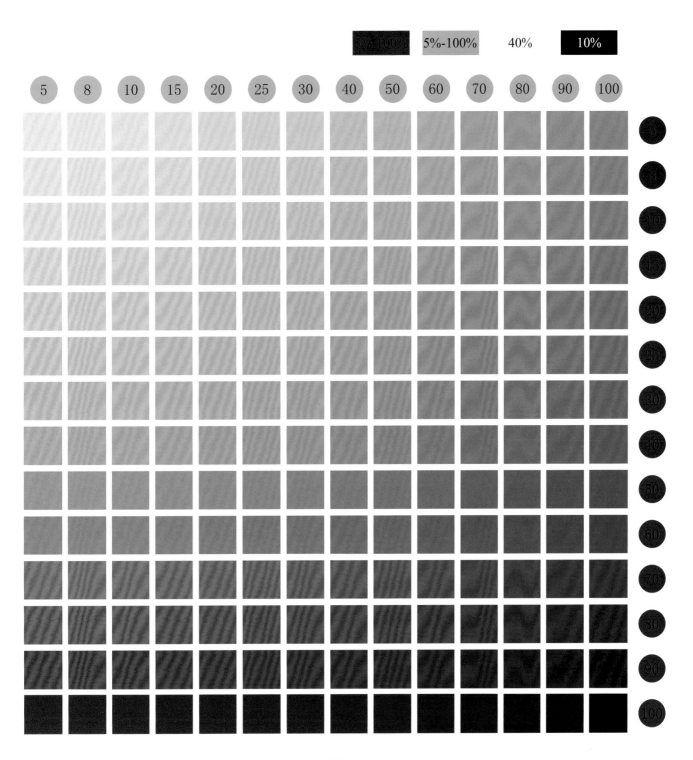

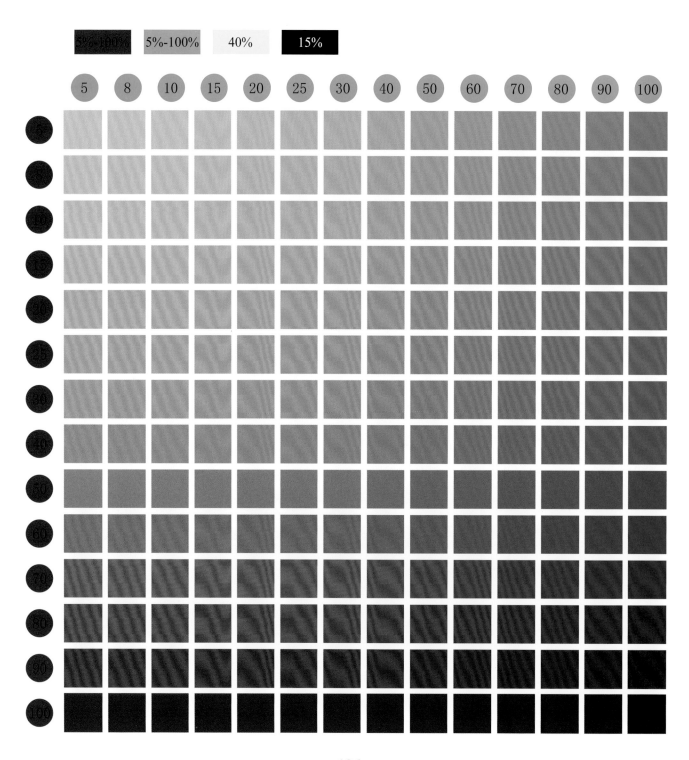

5%-100% 5%-100% 40% 20%

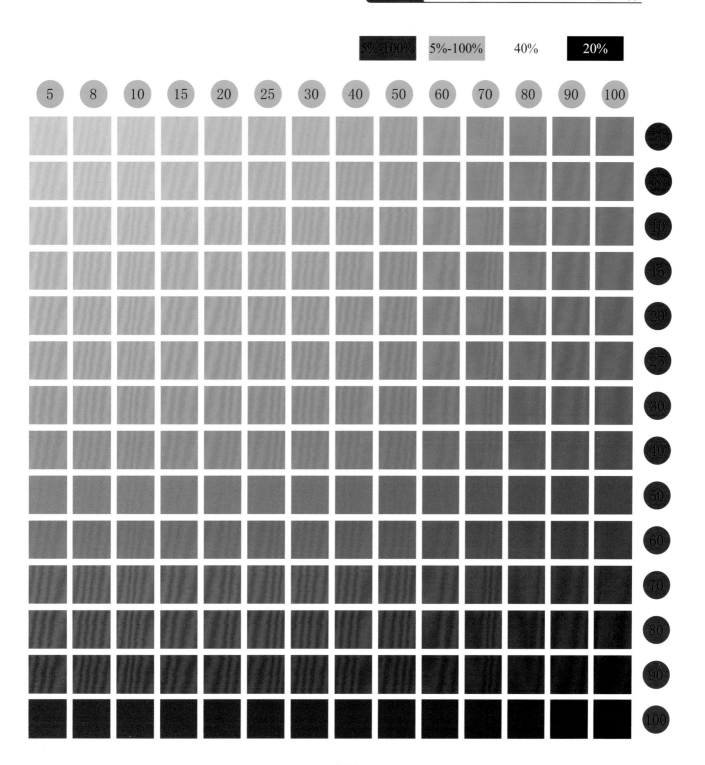

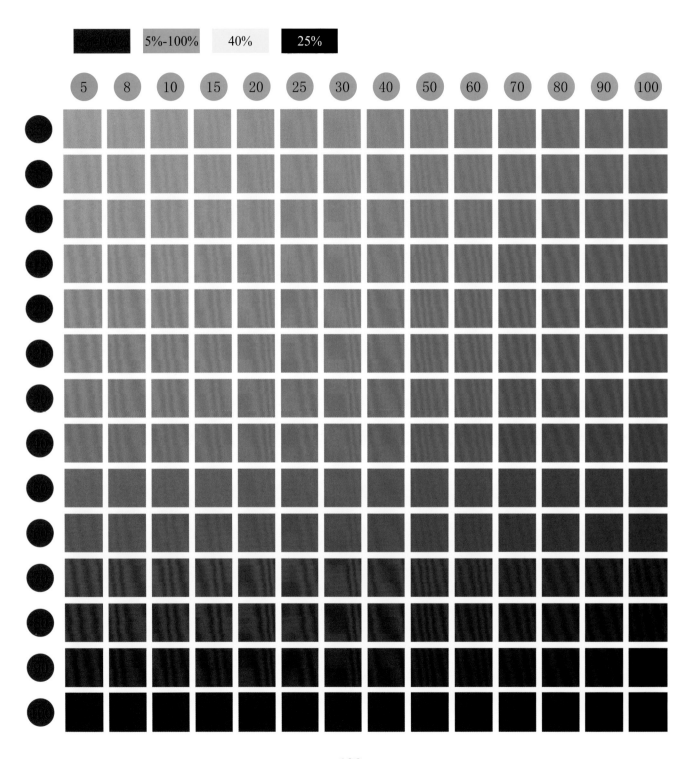

5%-100%　5%-100%　40%　30%

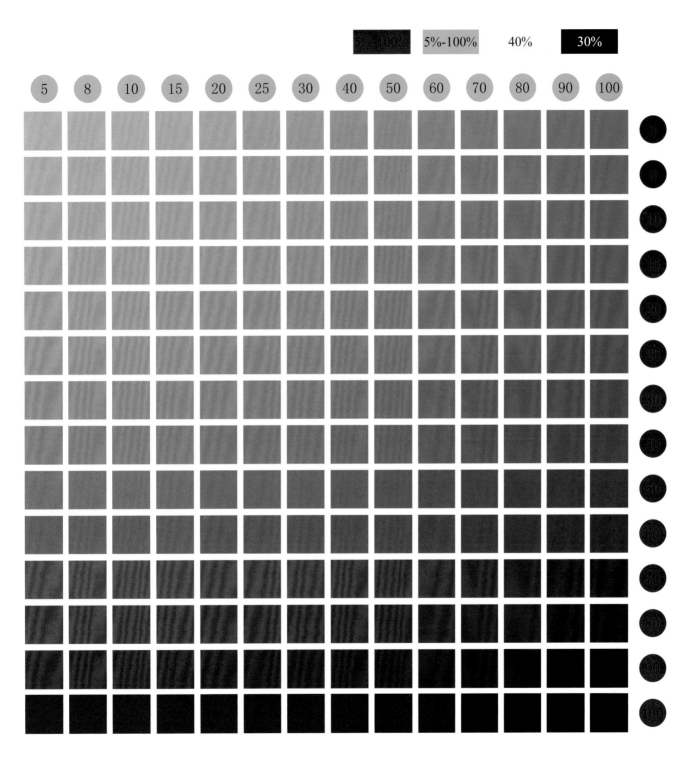

5%-100%　5%-100%　40%　35%

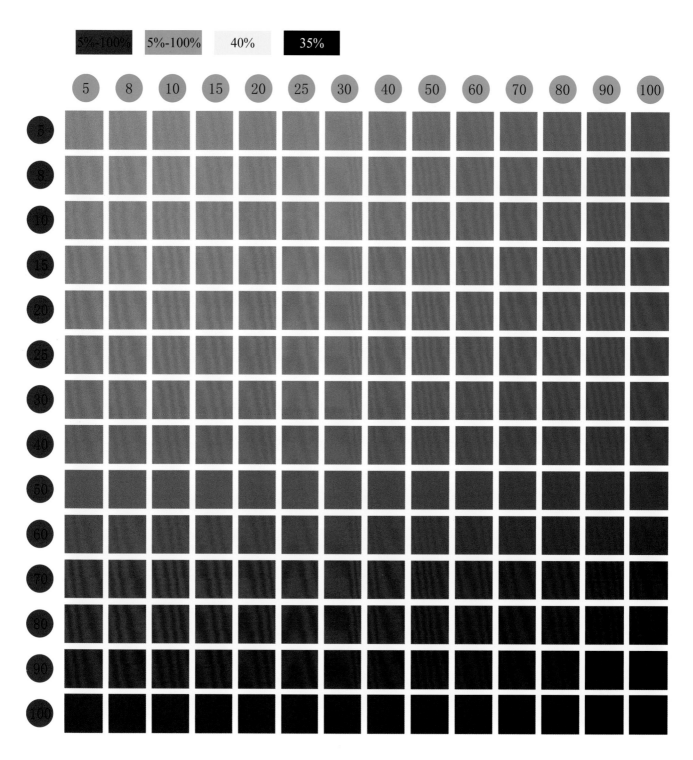

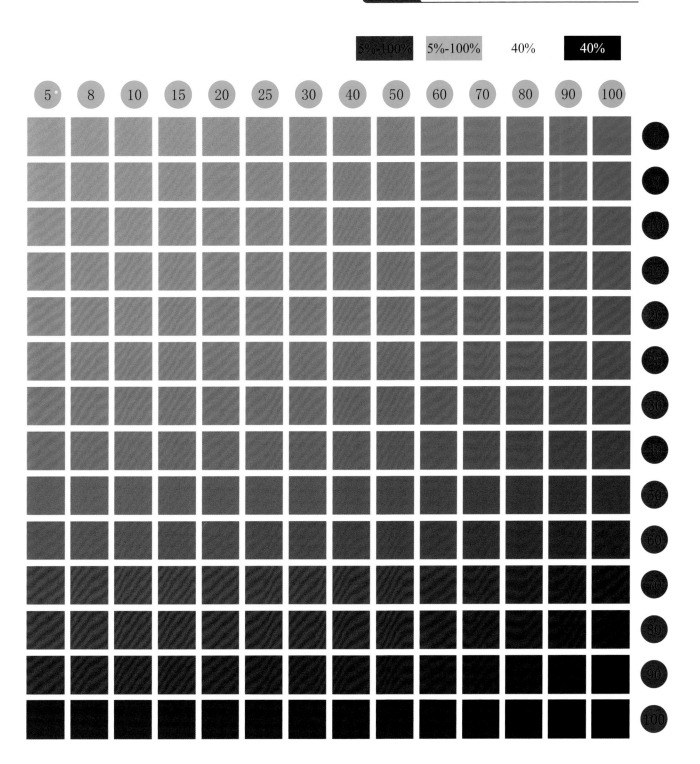

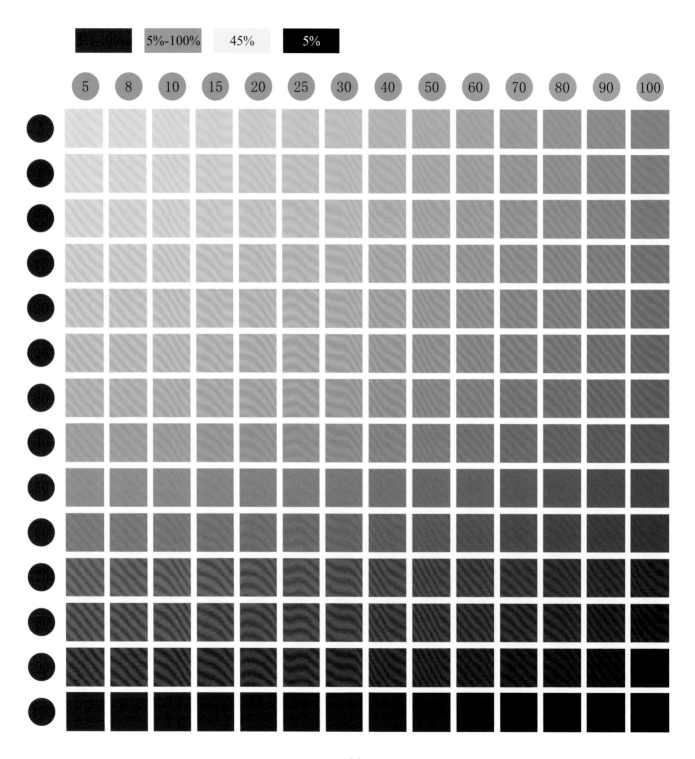

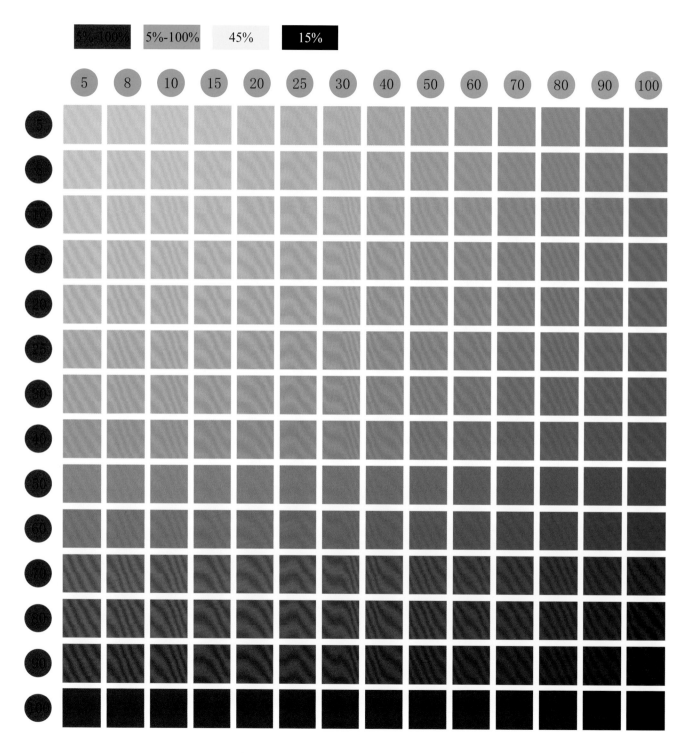

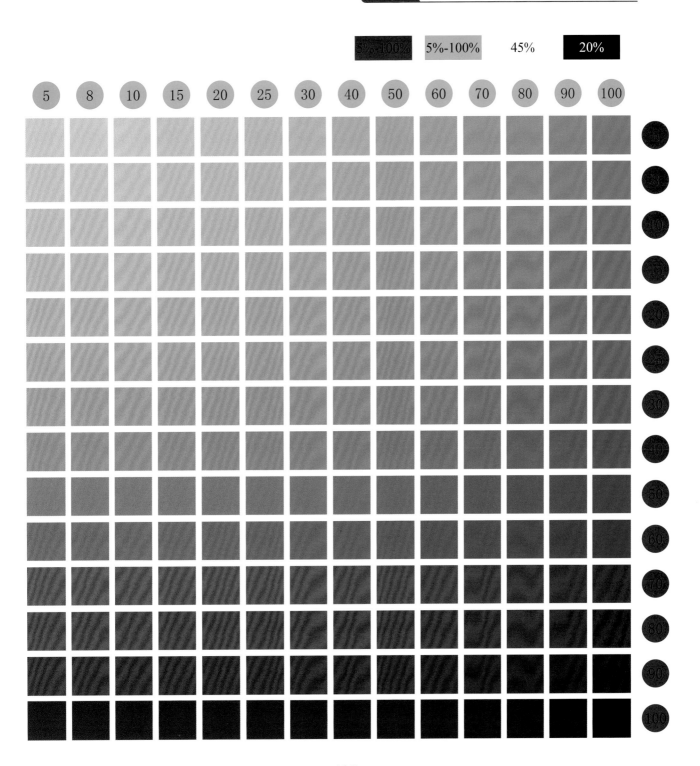

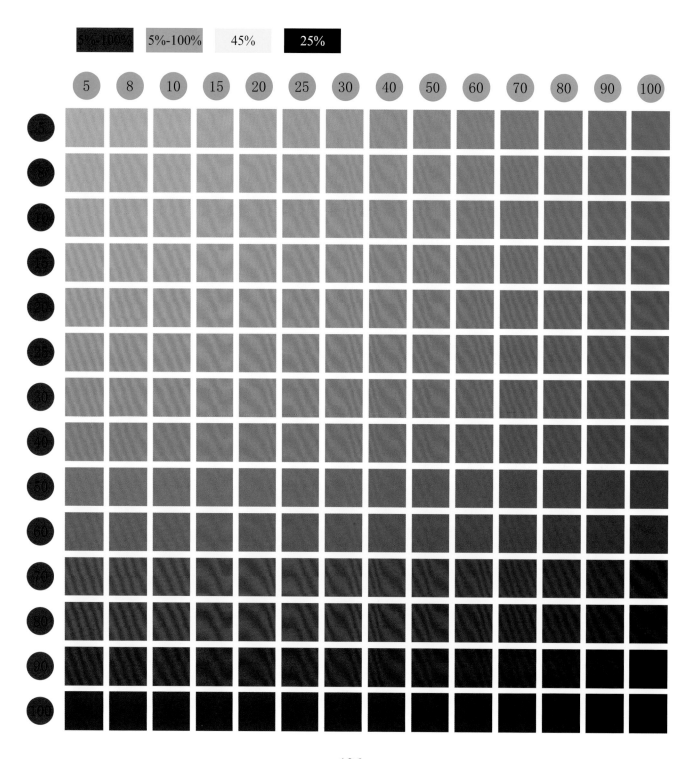

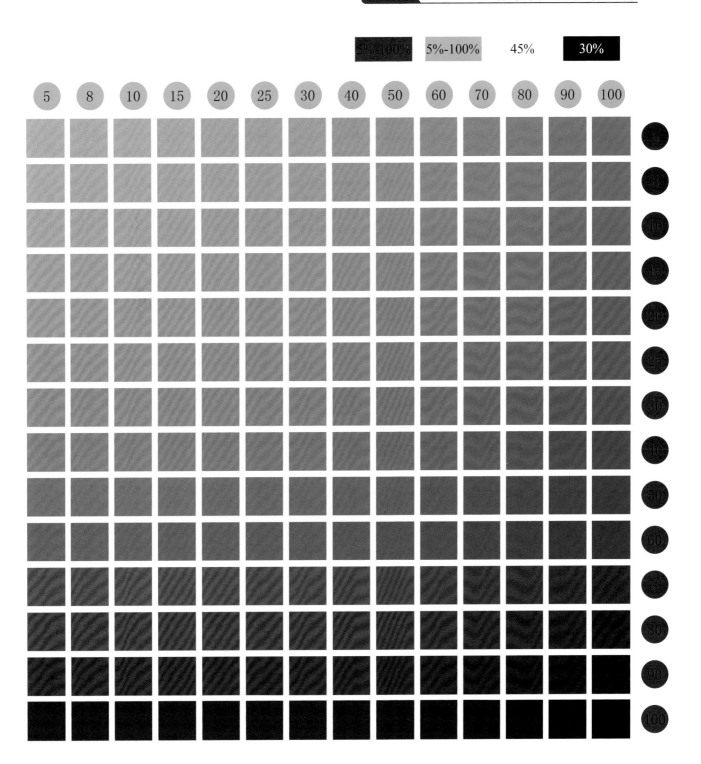

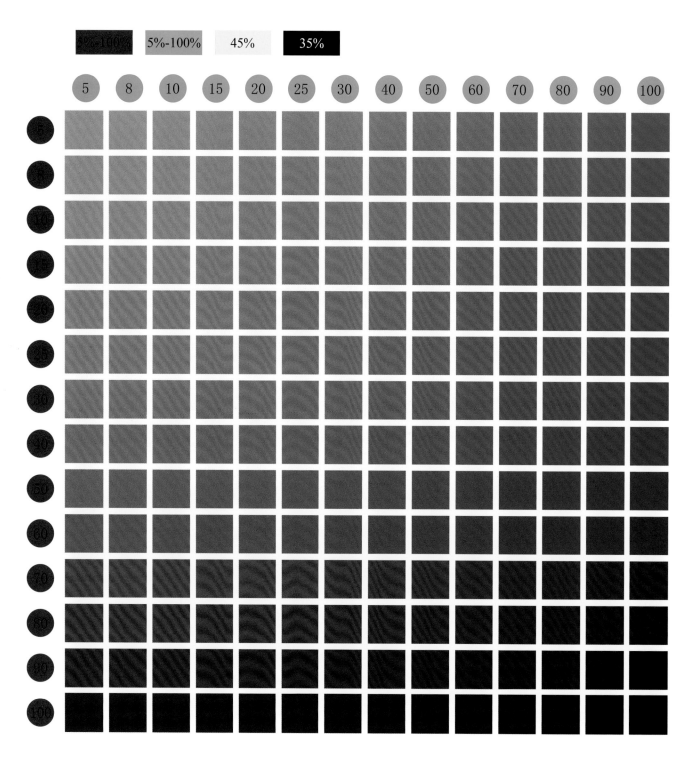

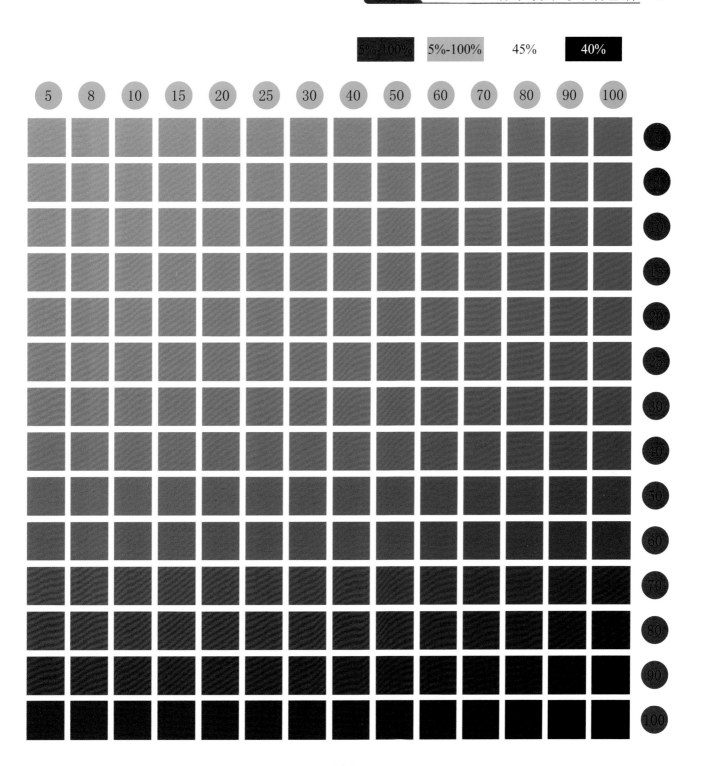

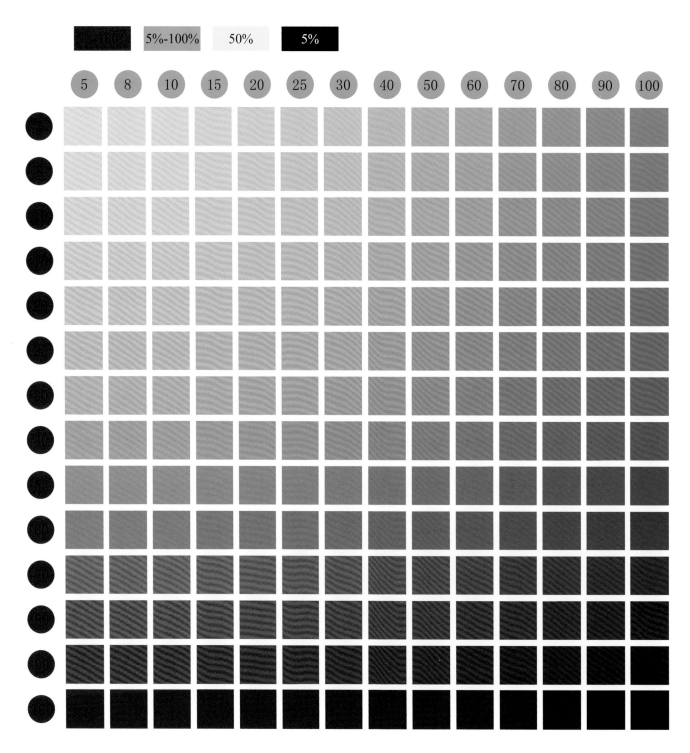

5%-100% 5%-100% 50% 10%

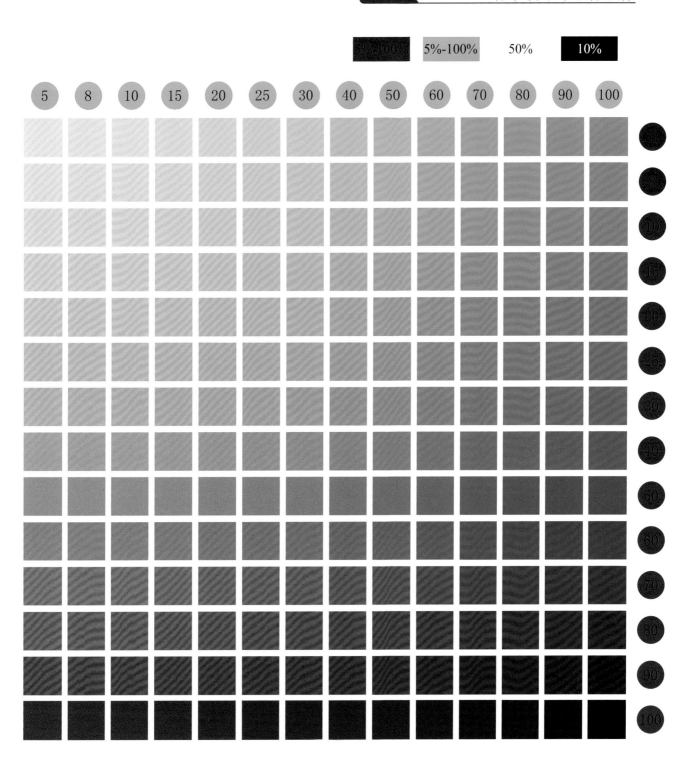

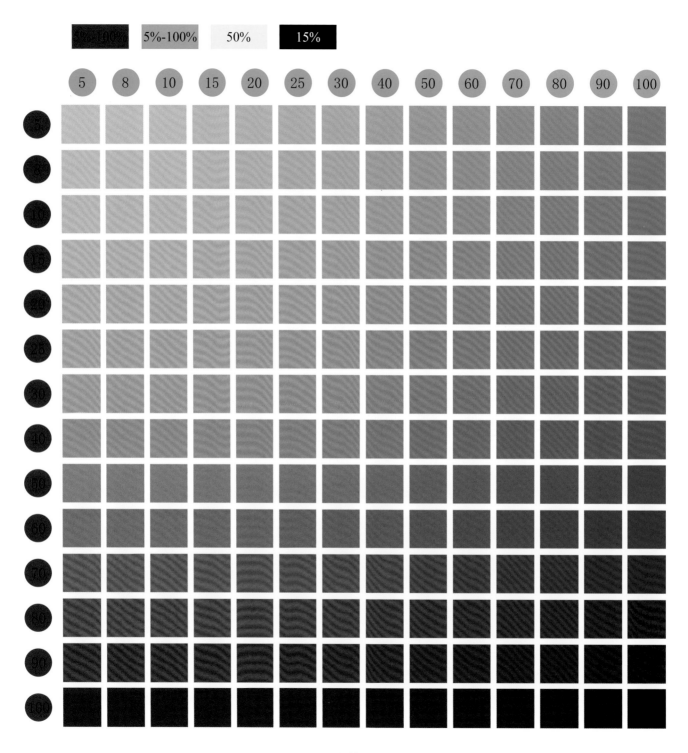

5%-100% 5%-100% 50% 20%

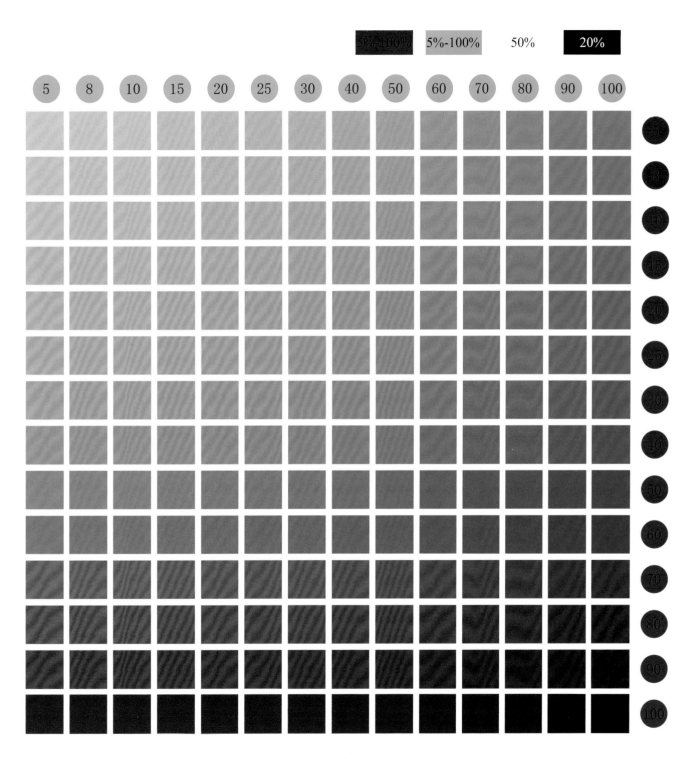

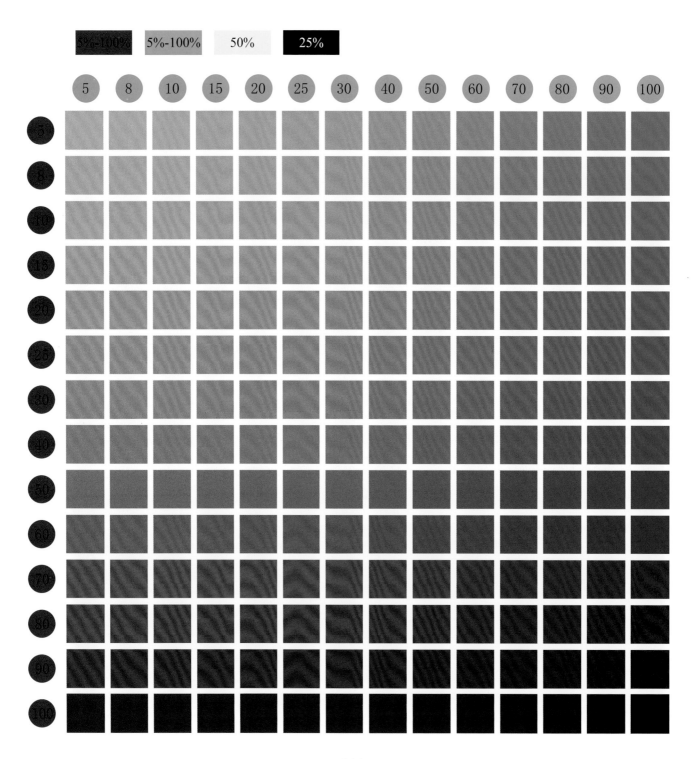

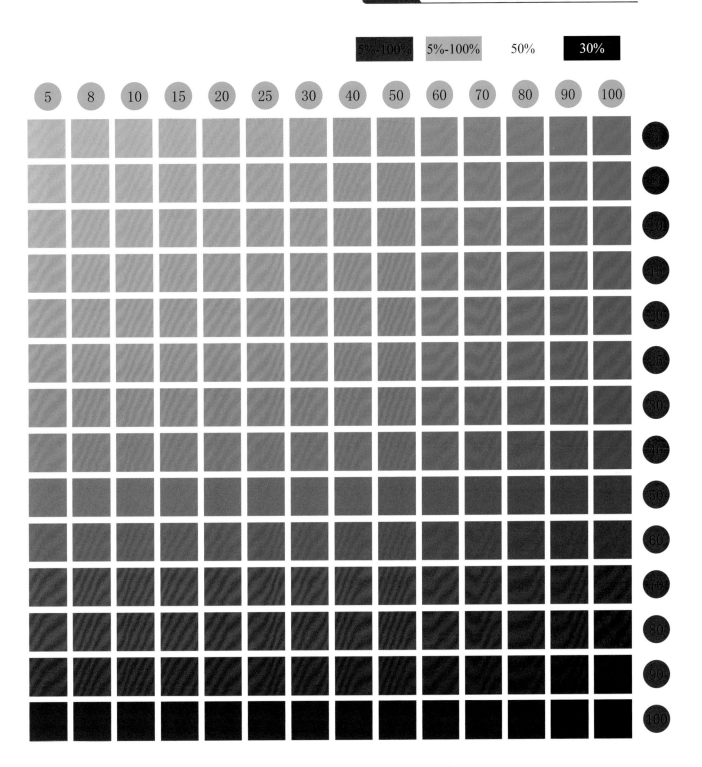

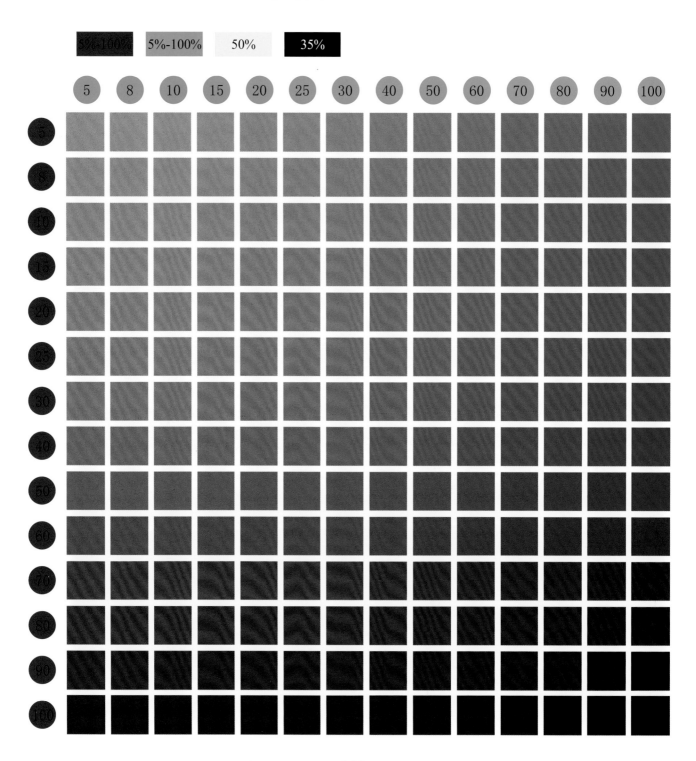

| 5%-100% | 5%-100% | 50% | 40% |

| 5 | 8 | 10 | 15 | 20 | 25 | 30 | 40 | 50 | 60 | 70 | 80 | 90 | 100 |

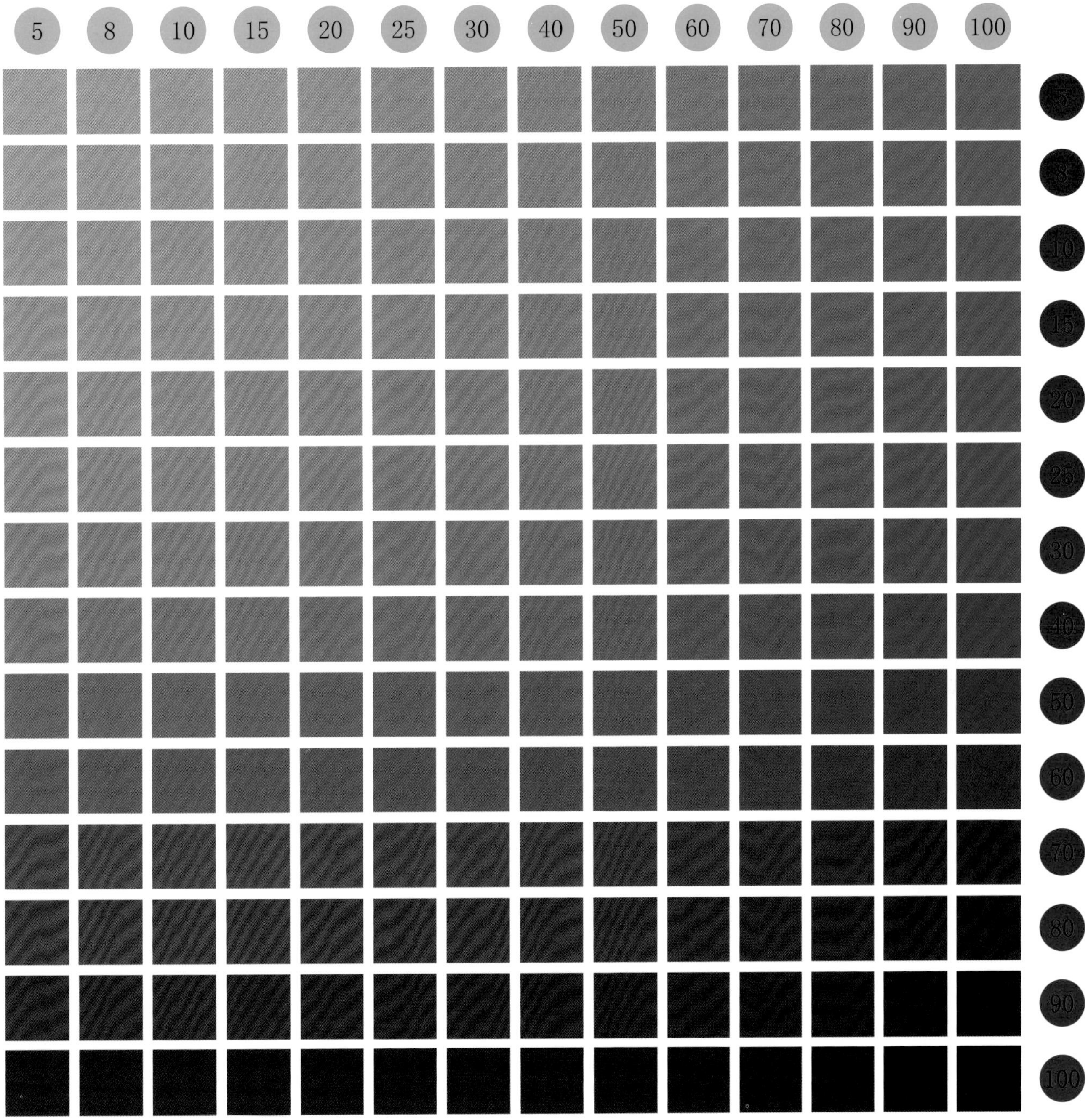

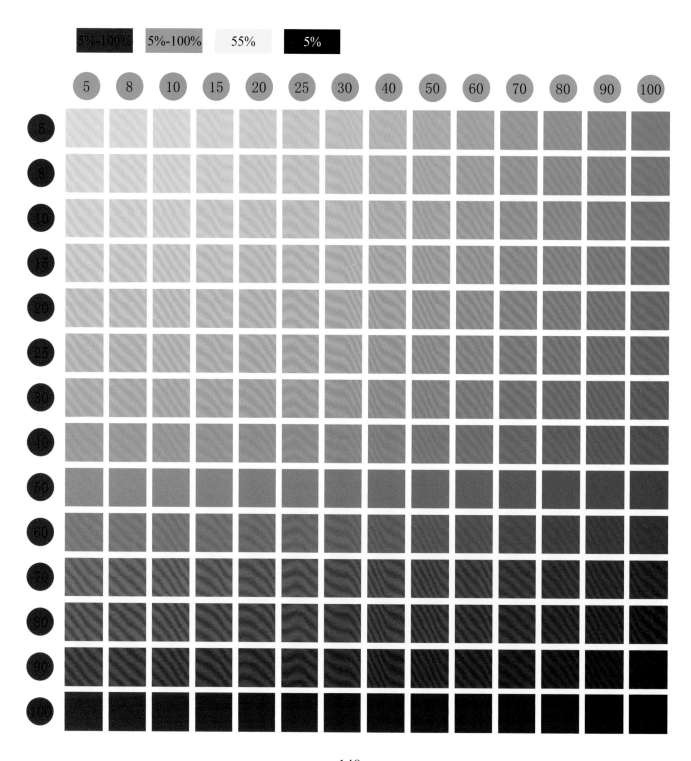

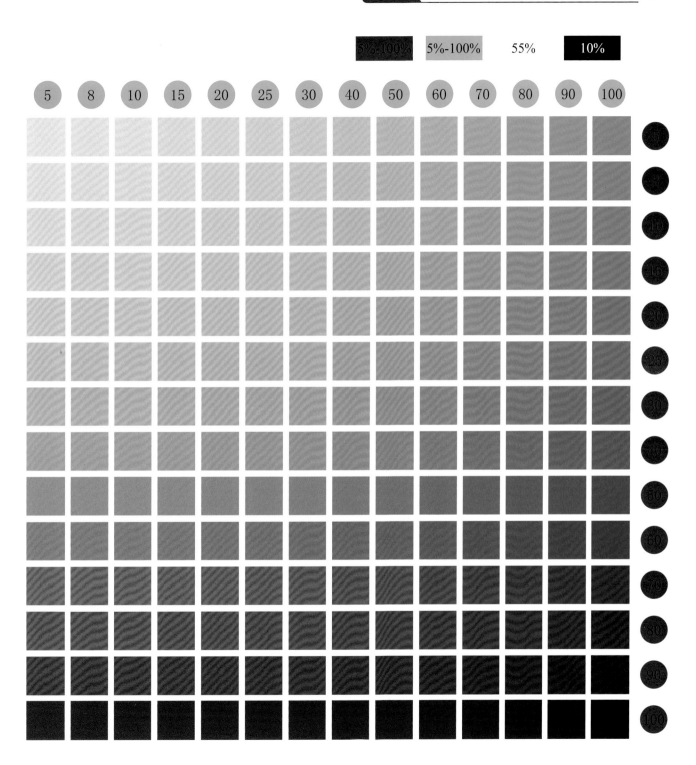

5%-100% 5%-100% 55% 10%

5 8 10 15 20 25 30 40 50 60 70 80 90 100

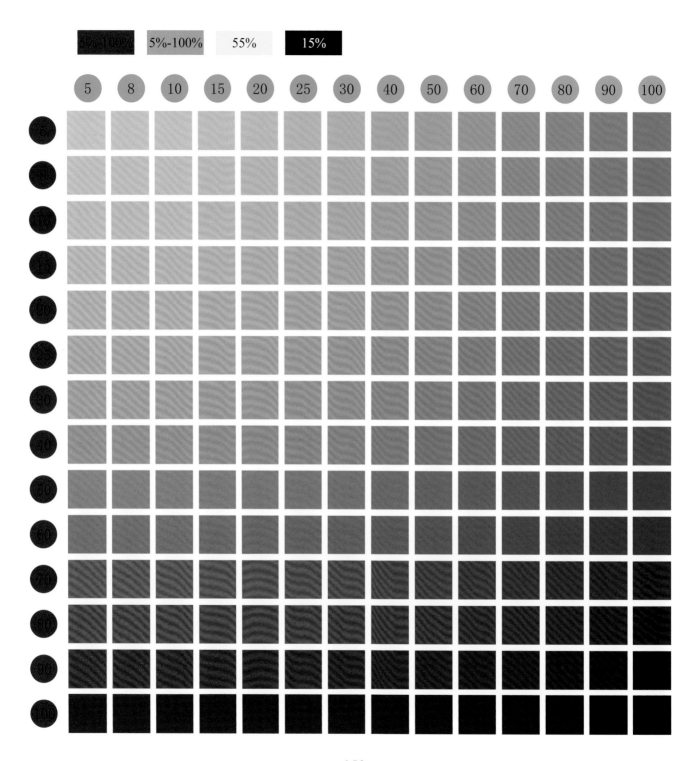

5%-100% 5%-100% 55% 20%

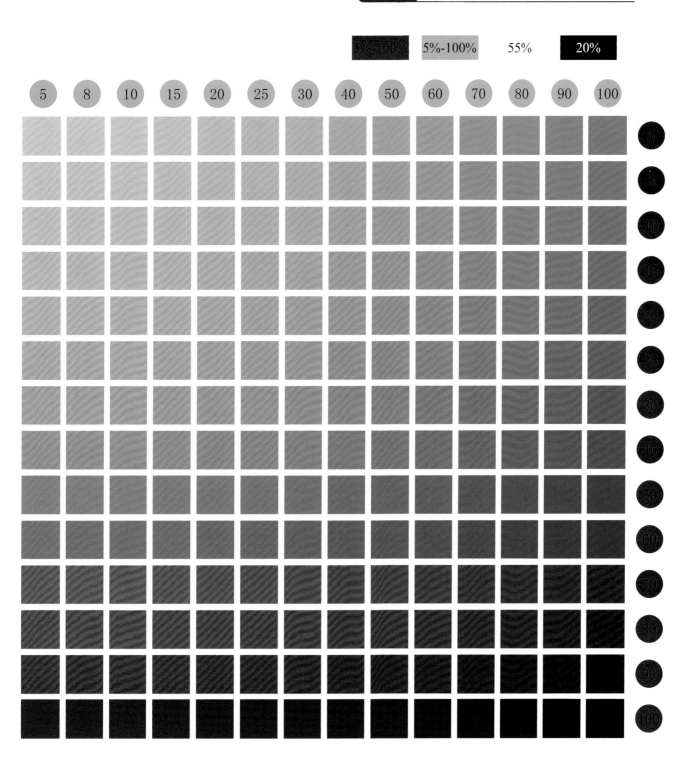

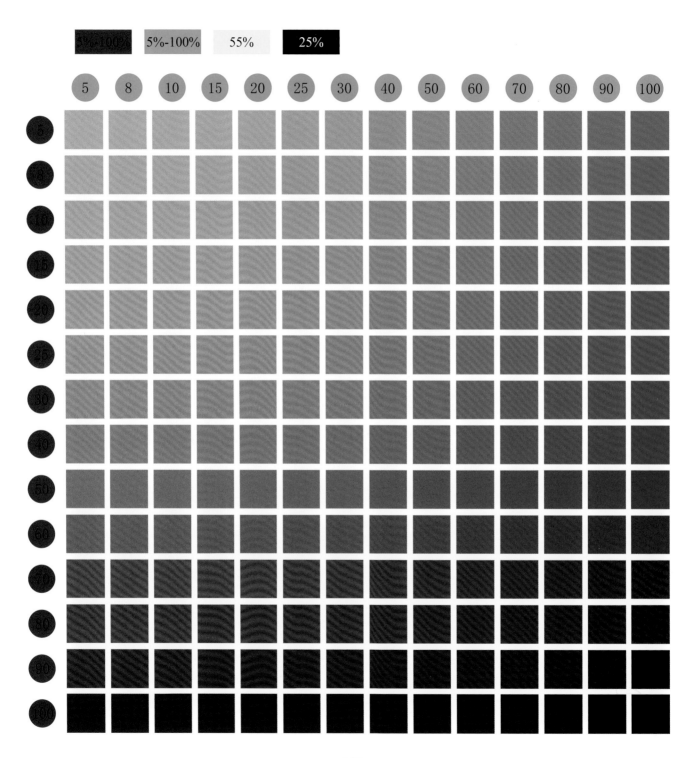

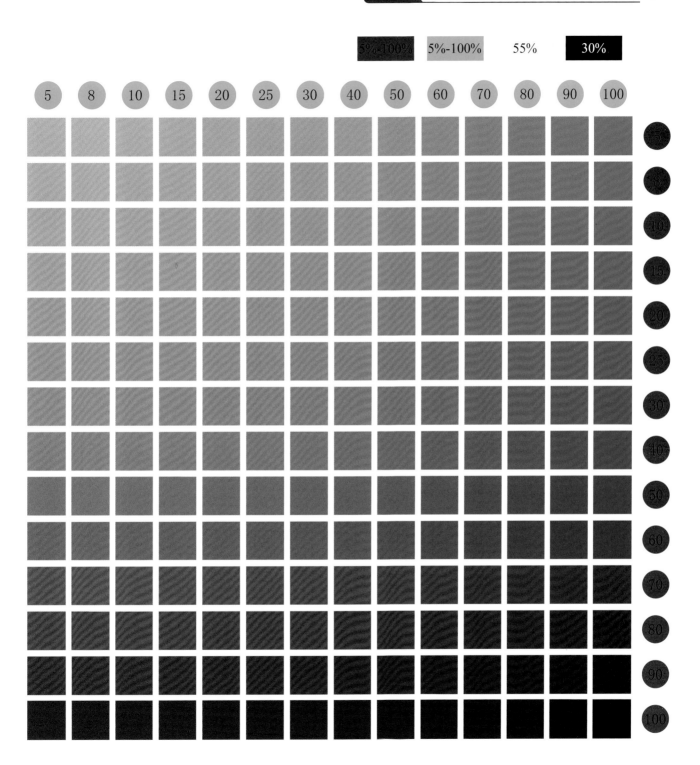

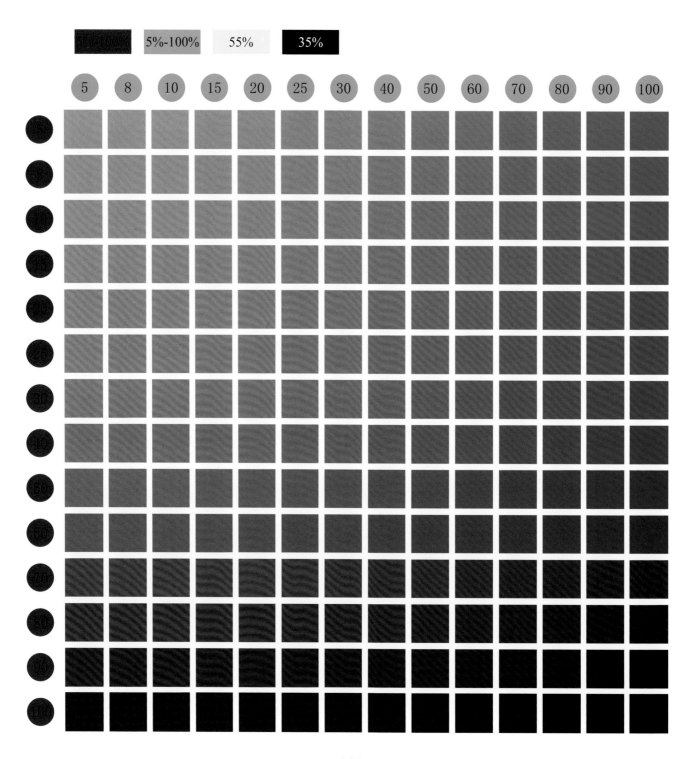

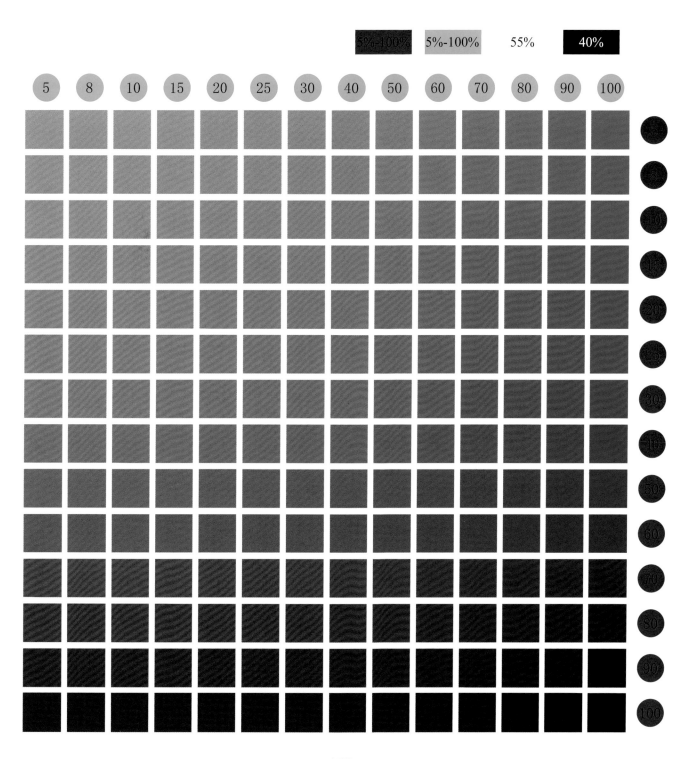

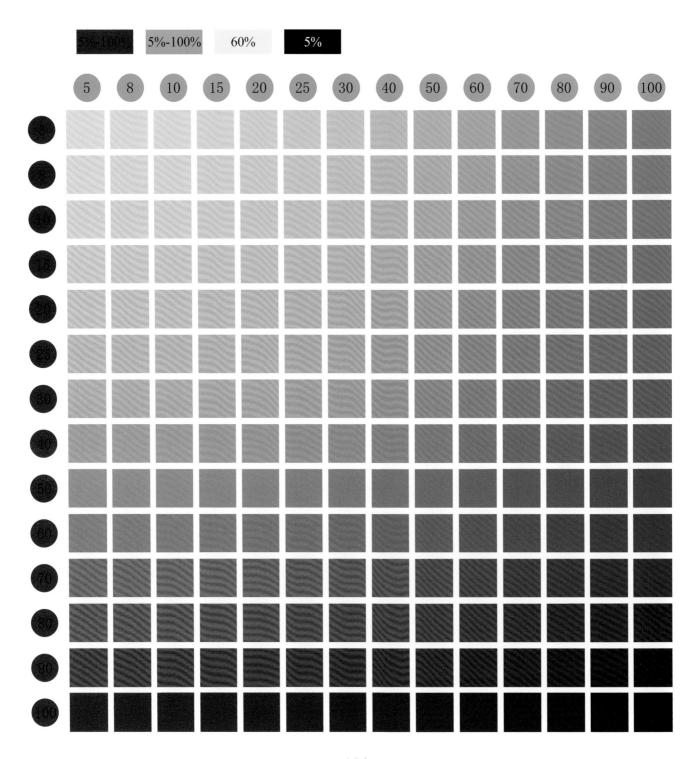

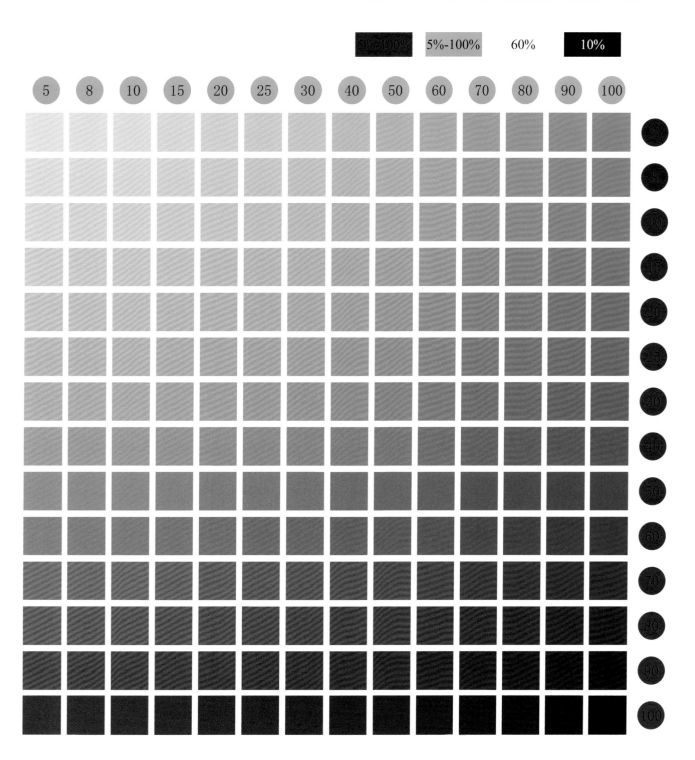

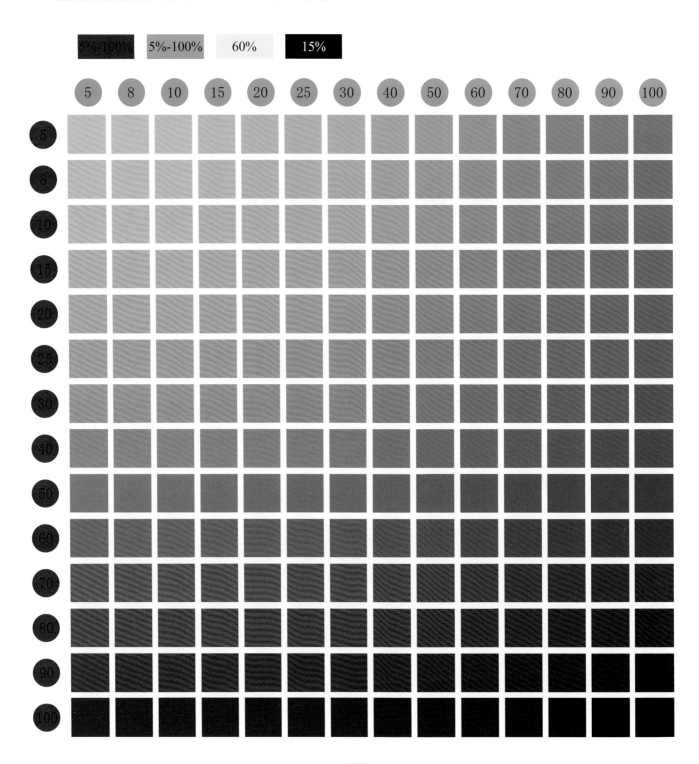

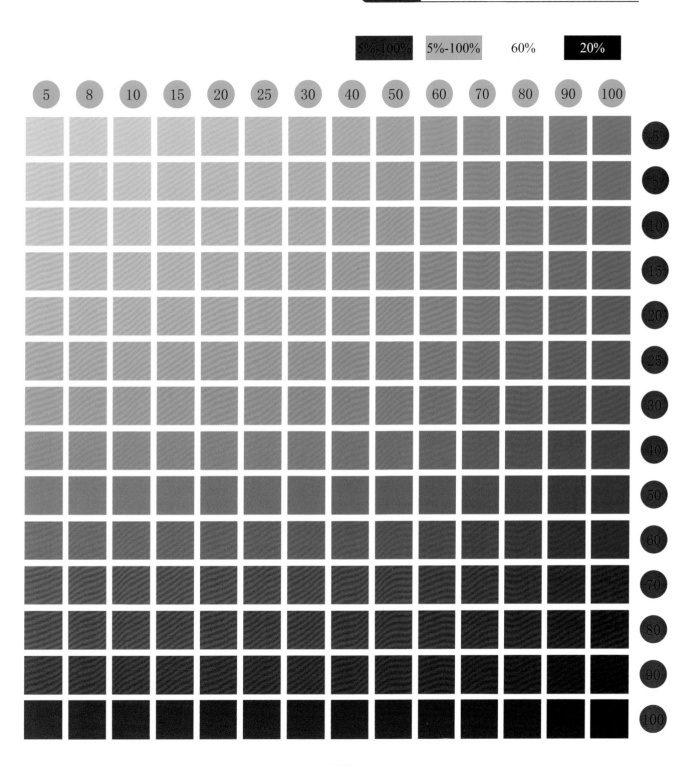

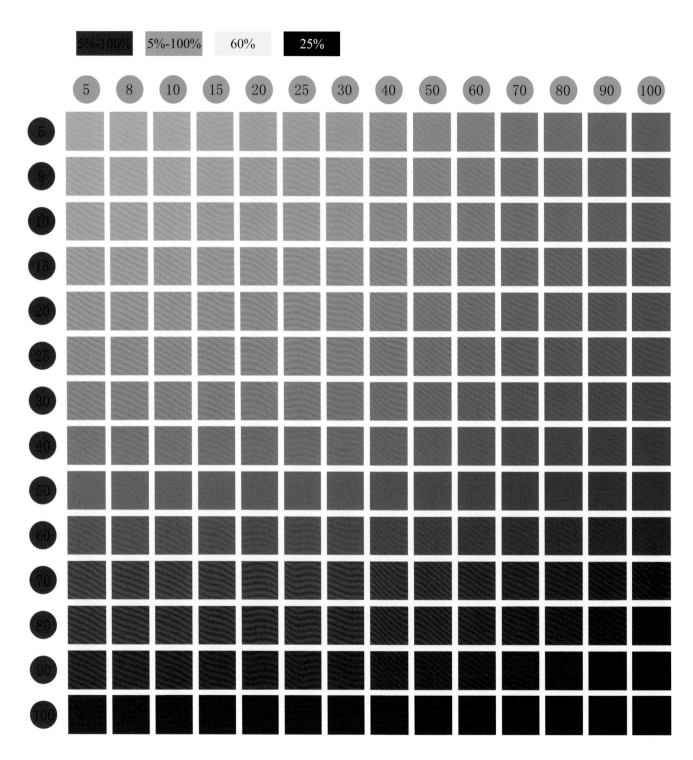

5%-100%　5%-100%　60%　30%

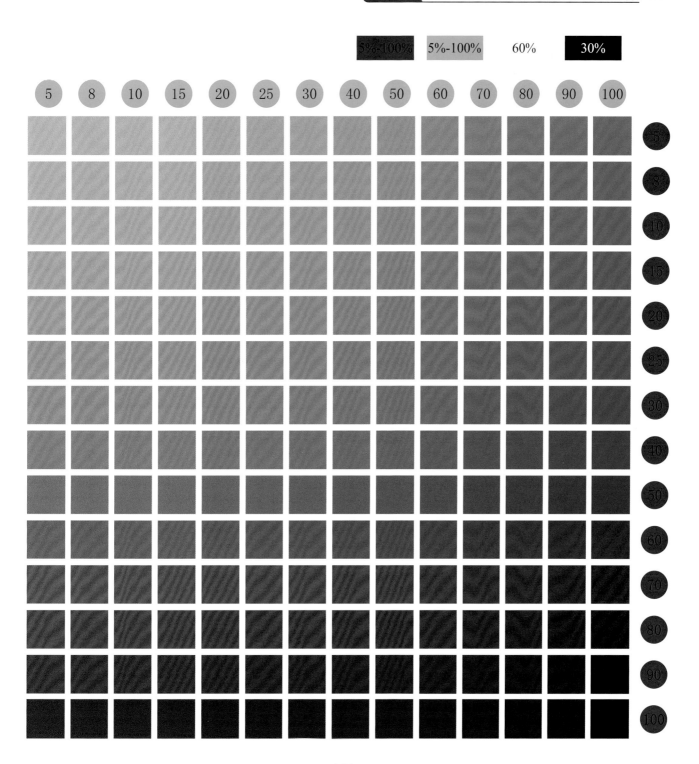

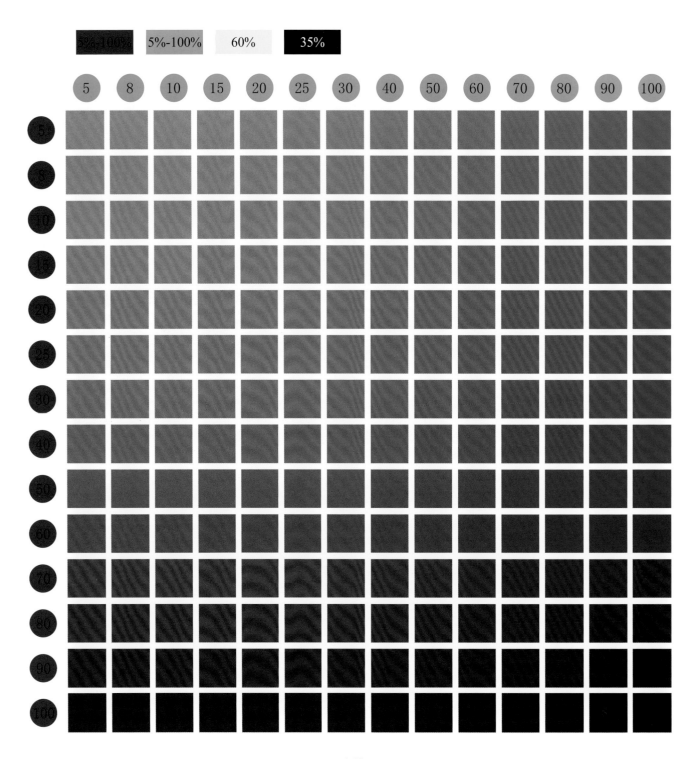

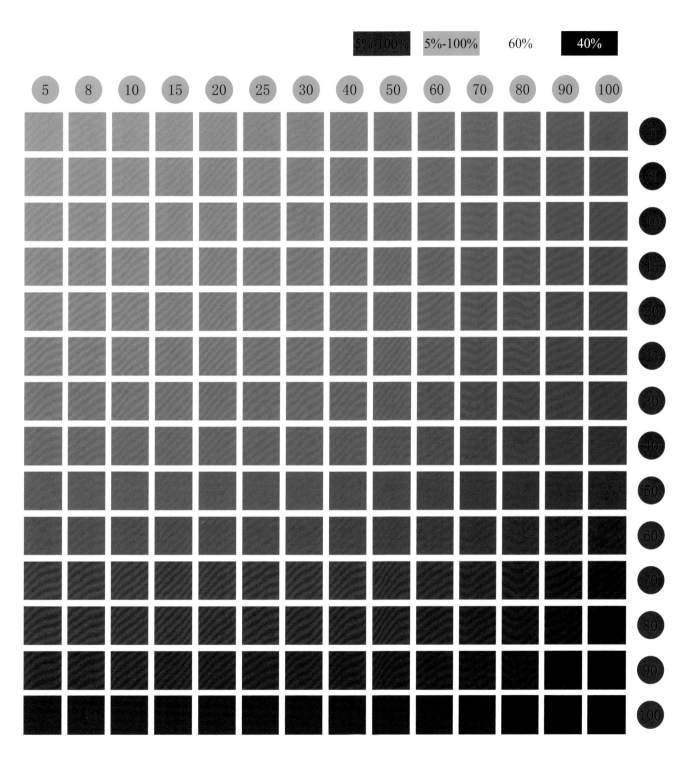

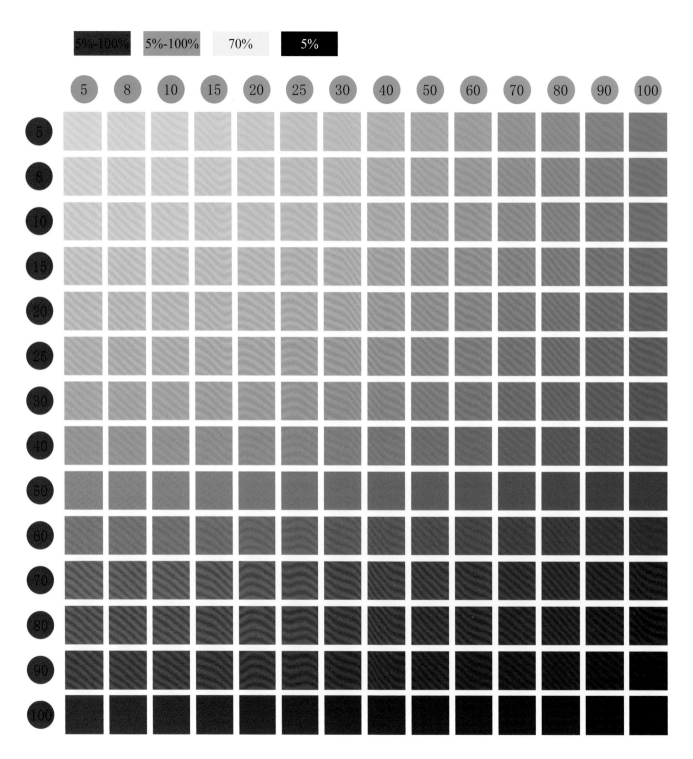

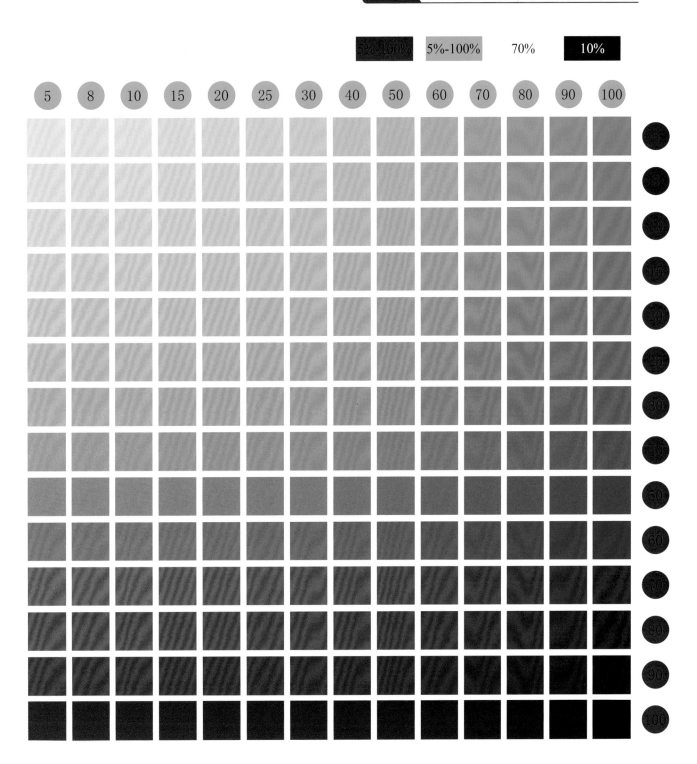

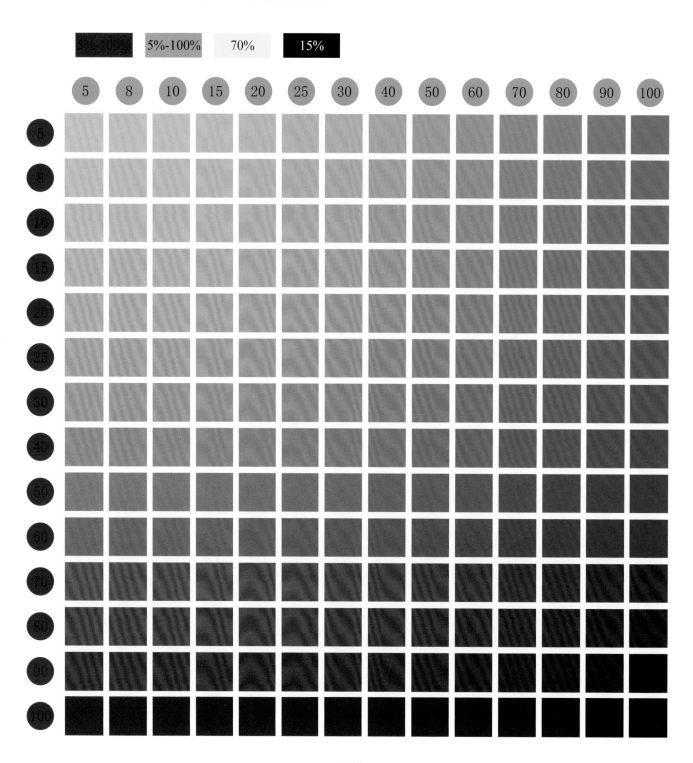

5%-100% 5%-100% 70% 20%

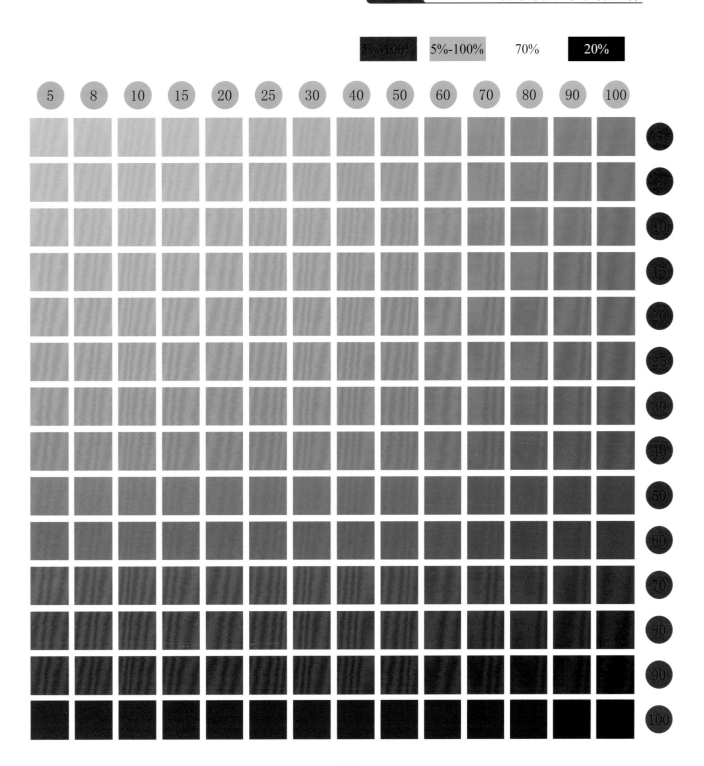

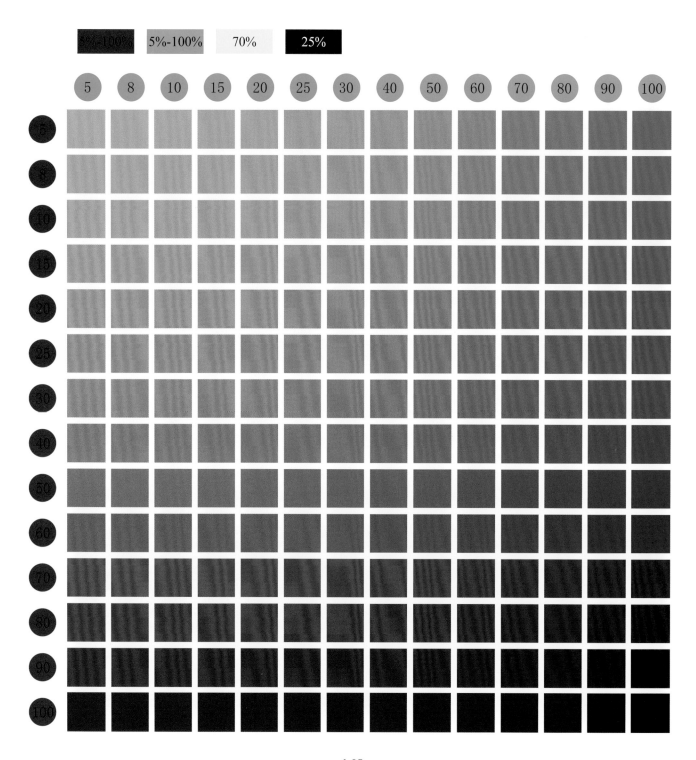

5%-100% 5%-100% 70% 30%

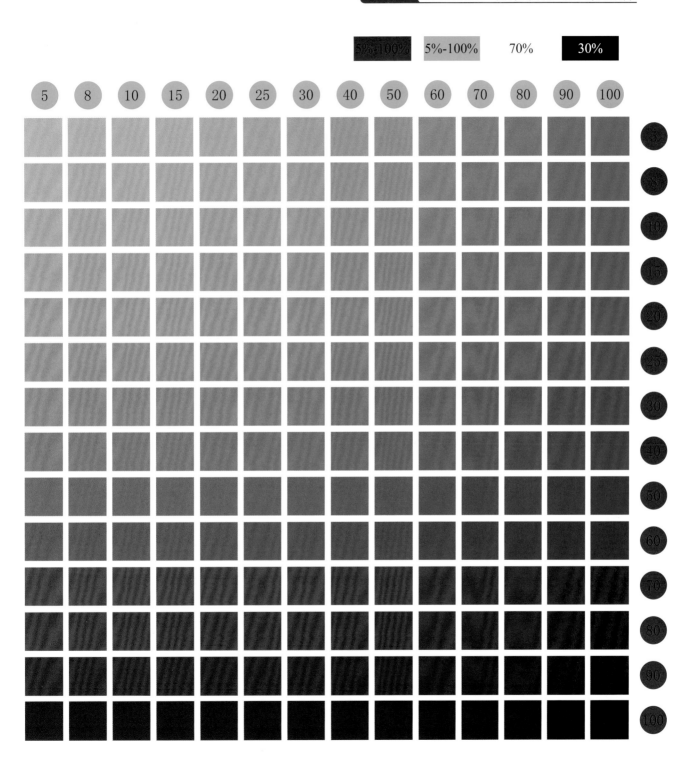

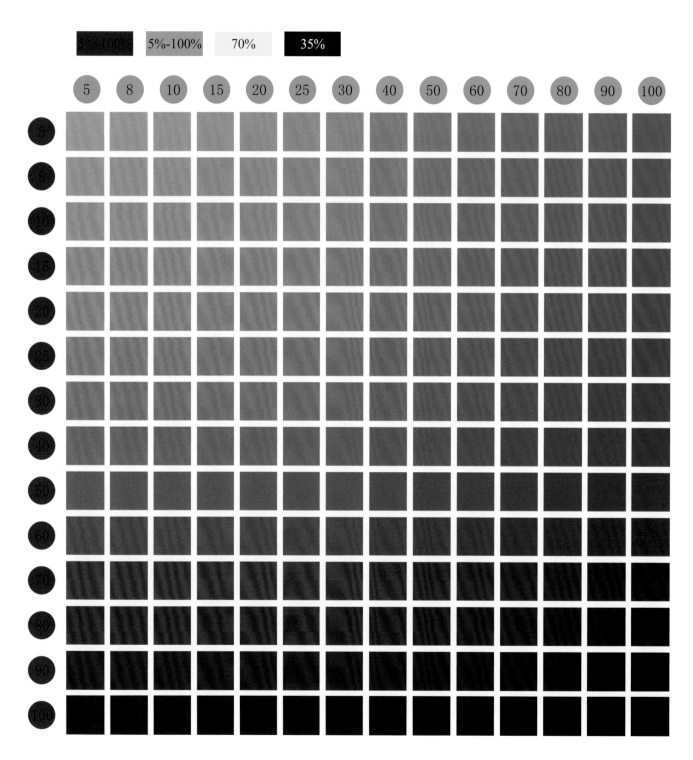

5%-100% 5%-100% 70% 40%

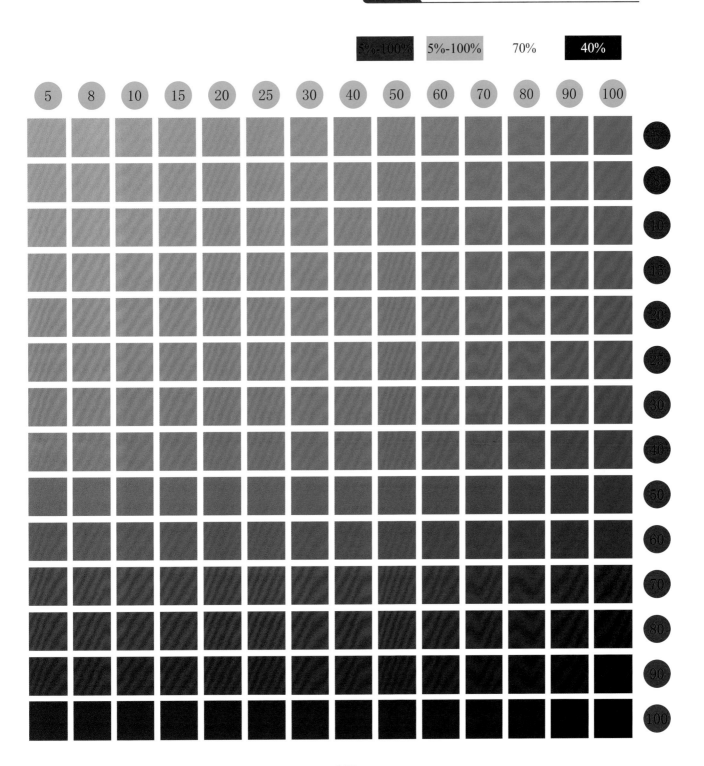

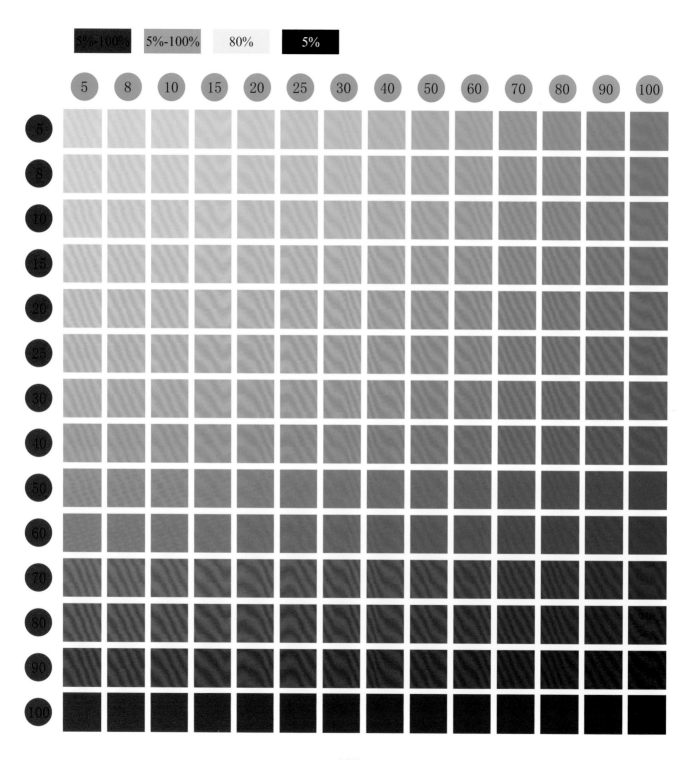

5%-100% 5%-100% 80% 10%

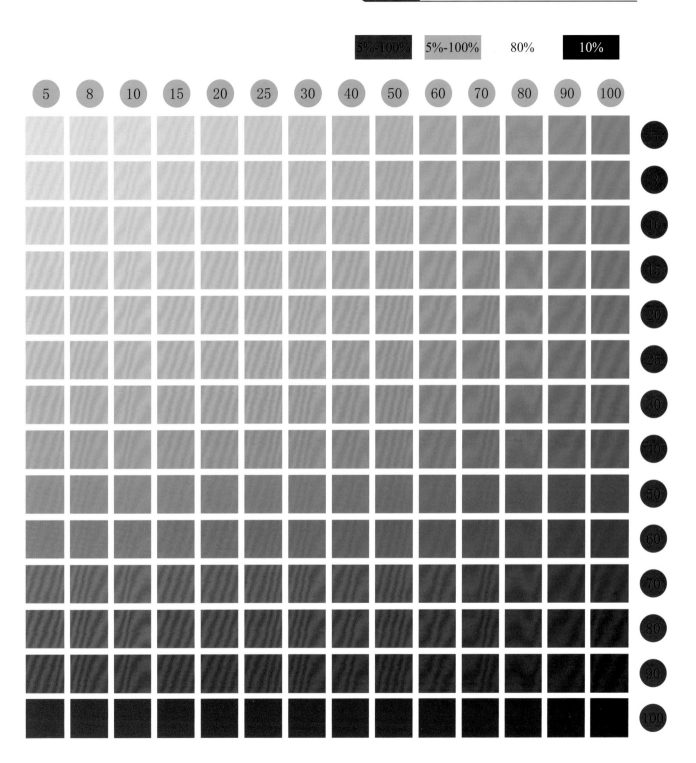

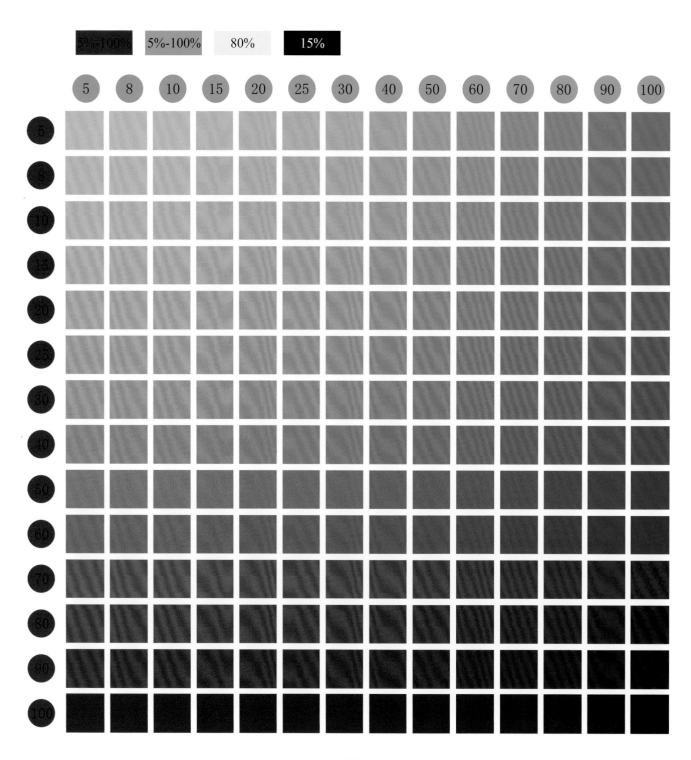

5%-100%
5%-100%
80%
20%
5
8
10
15
20
25
30
40
50
60
70
80
90
100
5
8
10
15
20
25
30
40
50
60
70
80
90
100

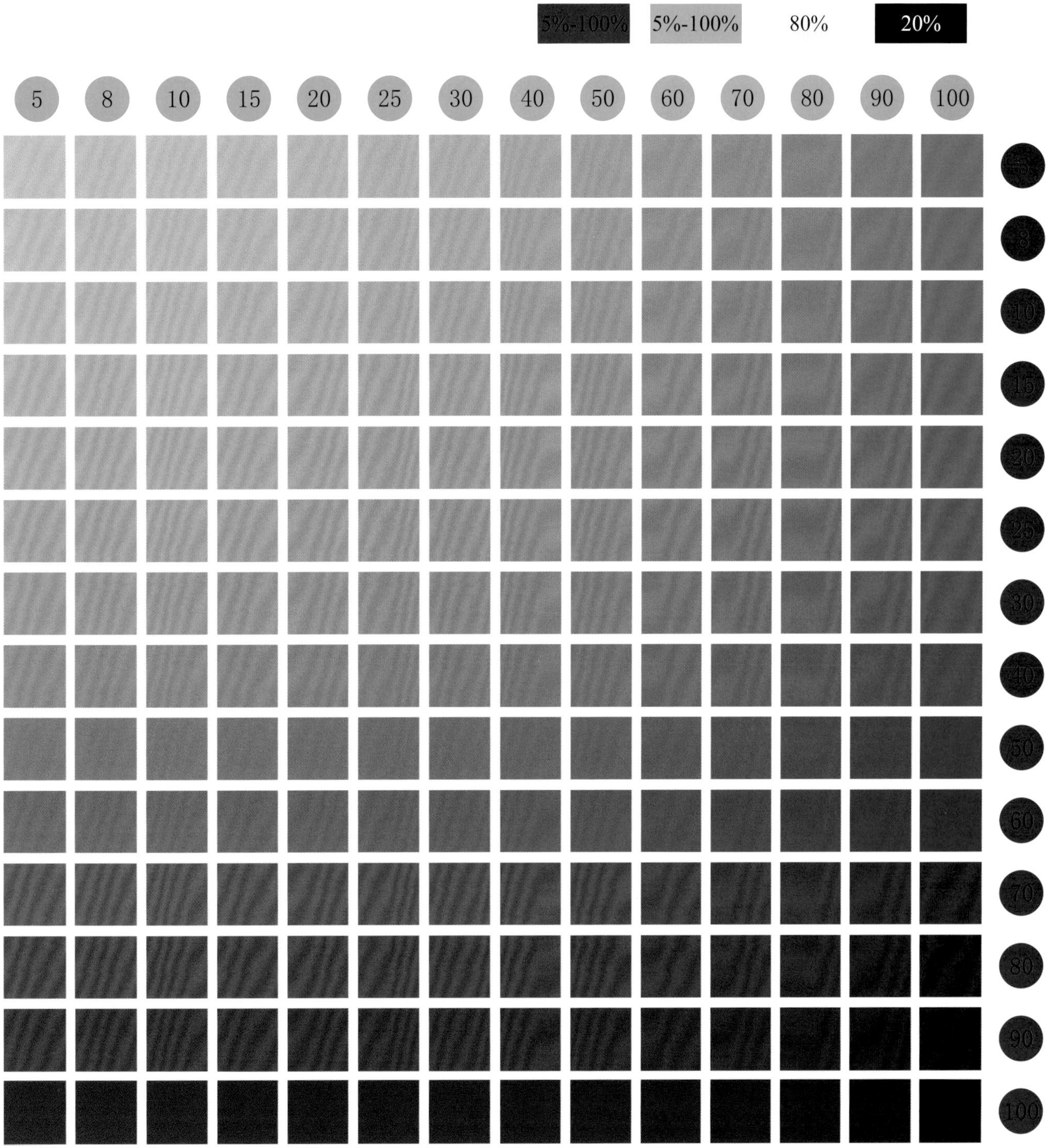

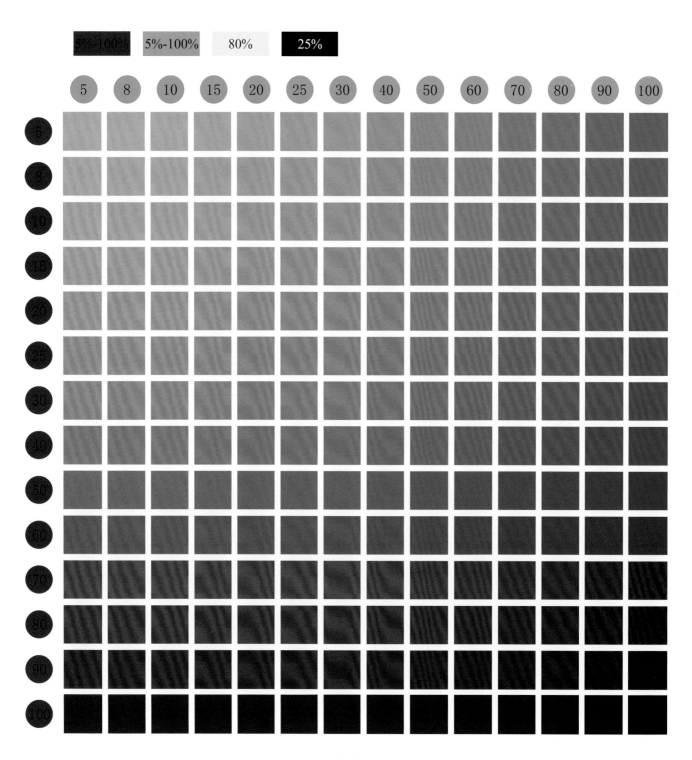

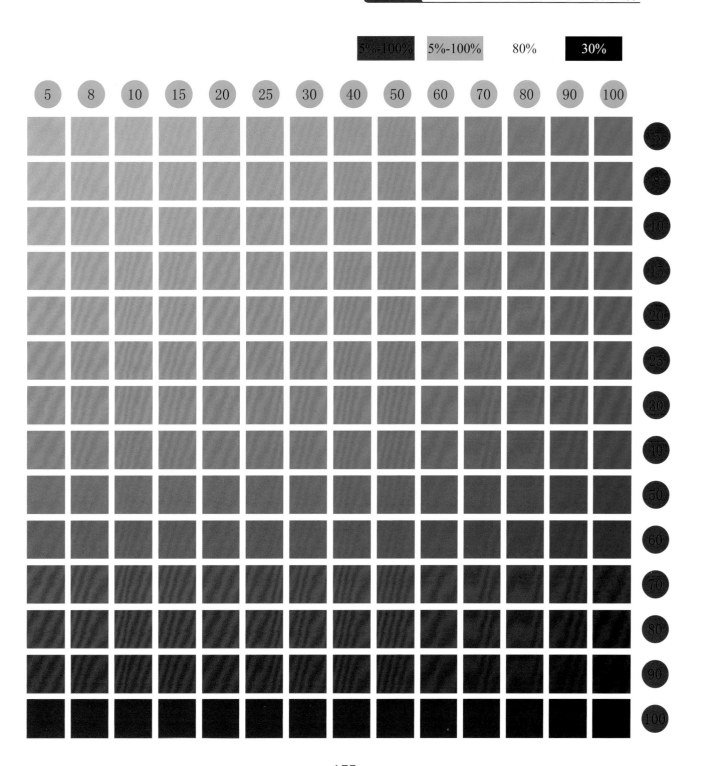

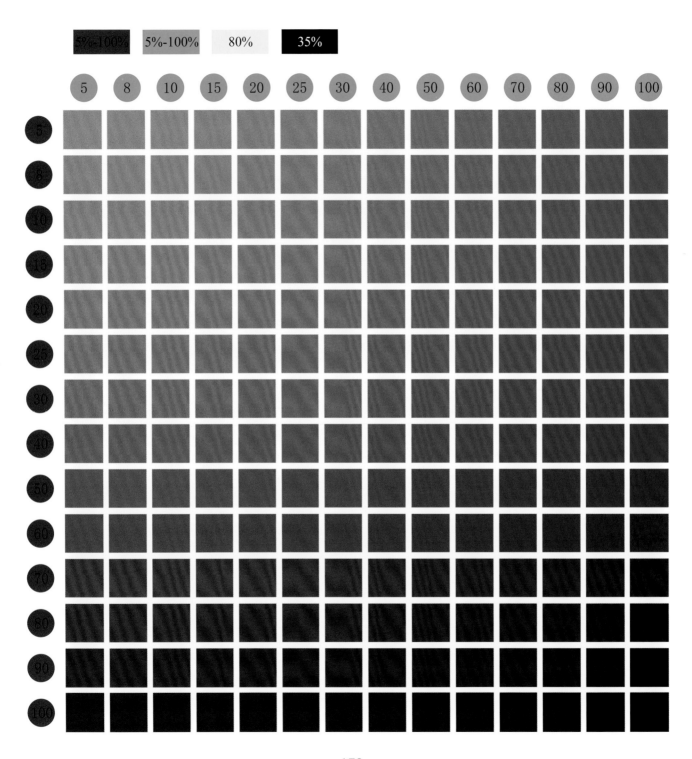

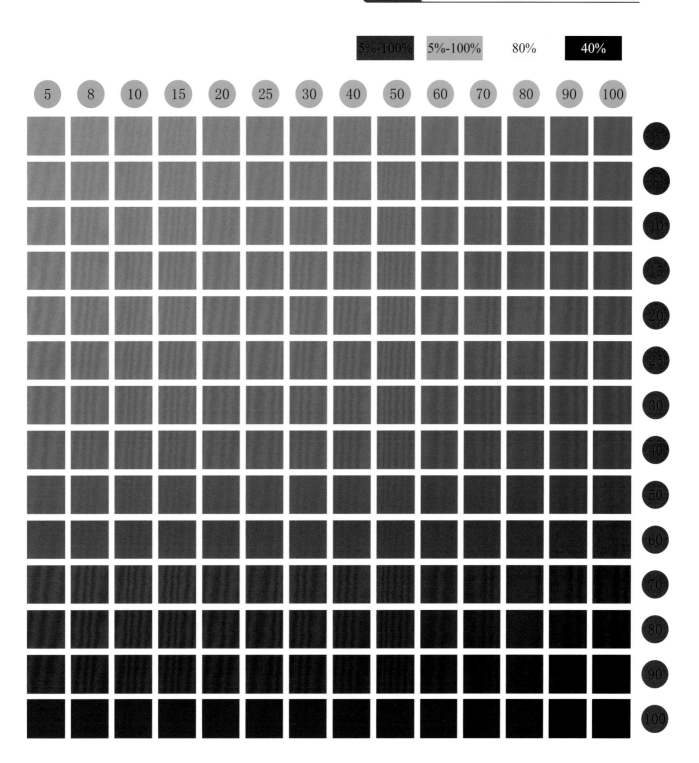

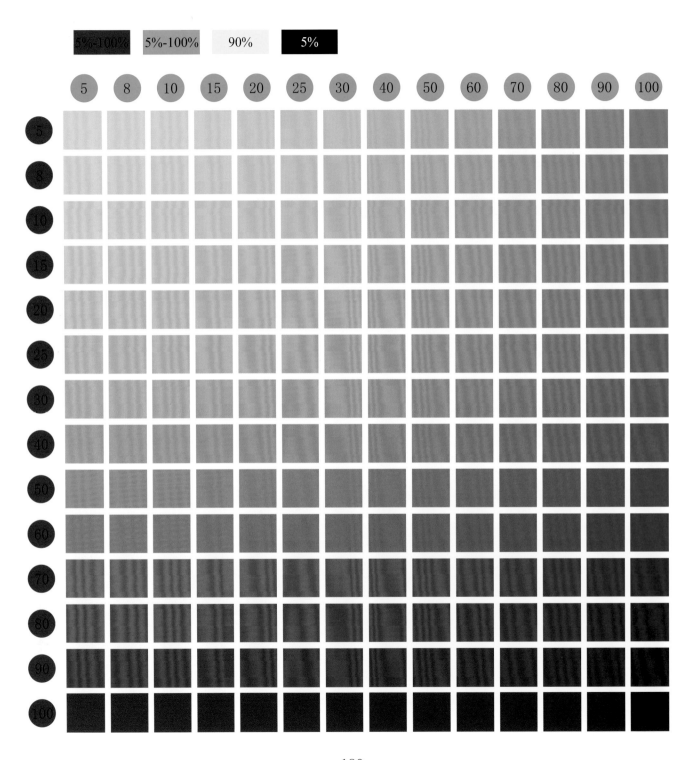

5%-100%
5%-100%
90%
10%
5
8
10
15
20
25
30
40
50
60
70
80
90
100
5
8
10
15
20
25
30
40
50
60
70
80
90
100

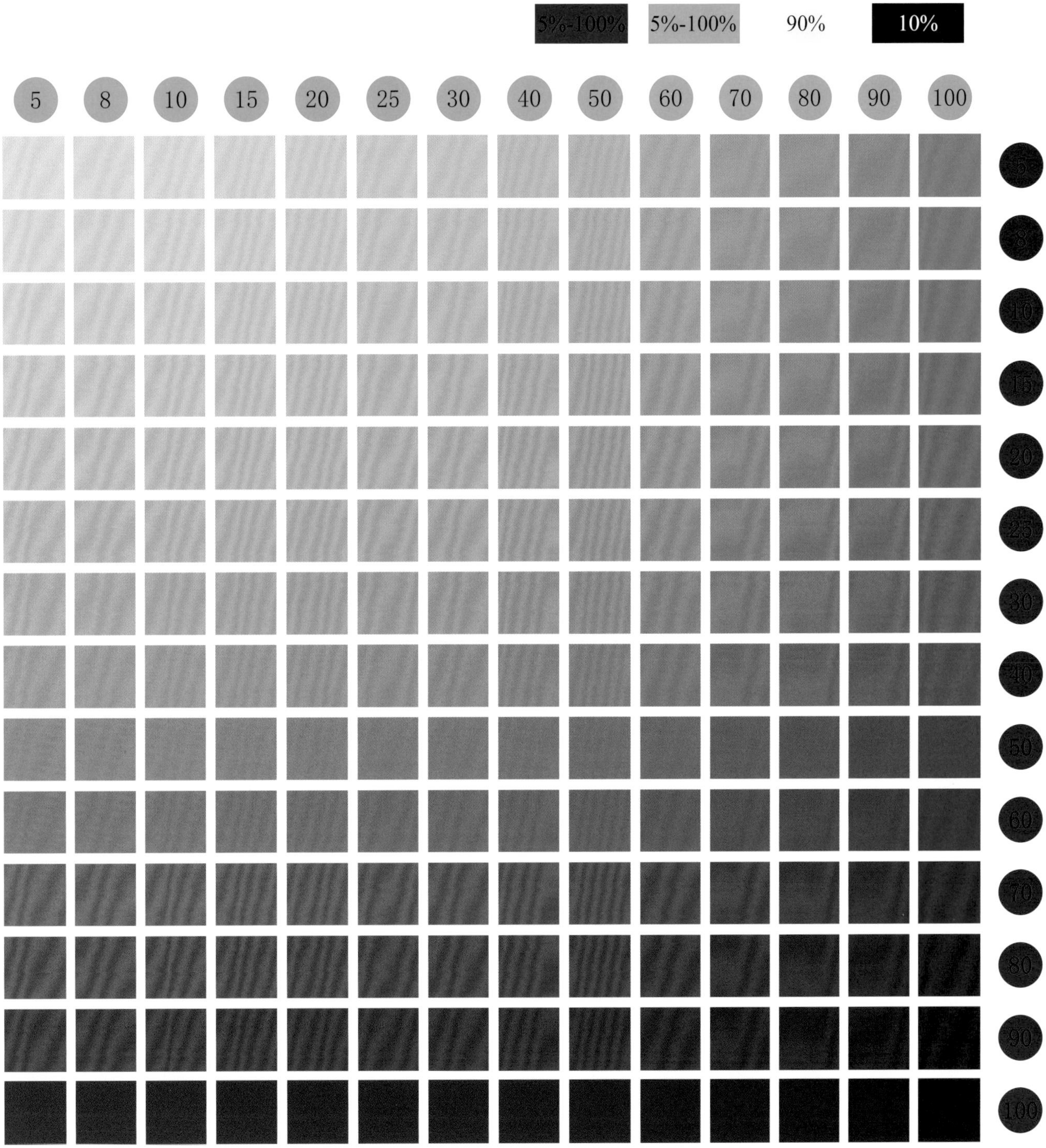

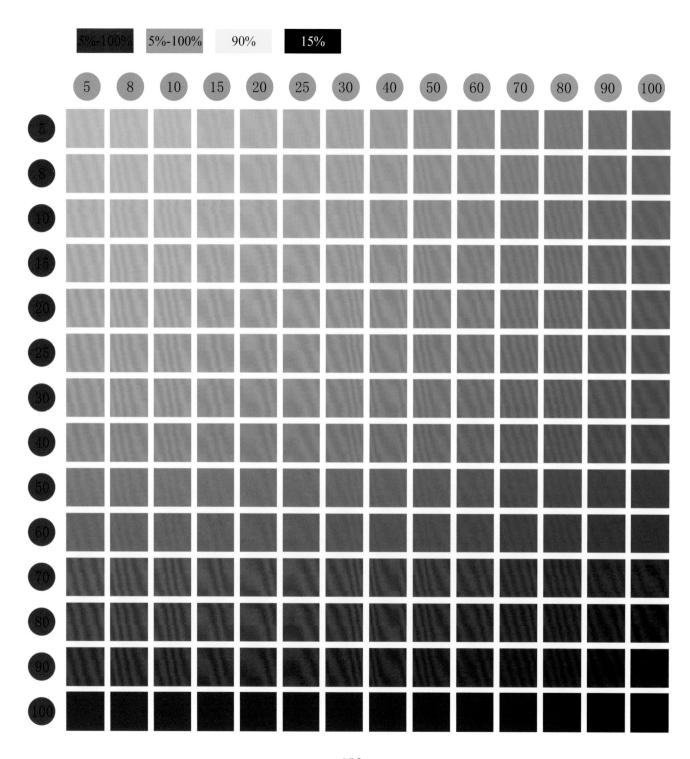

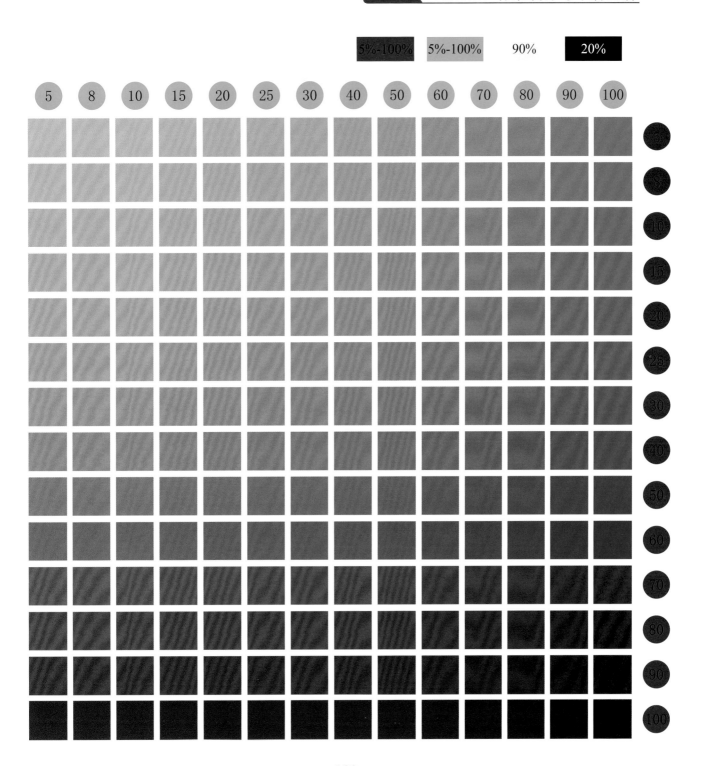

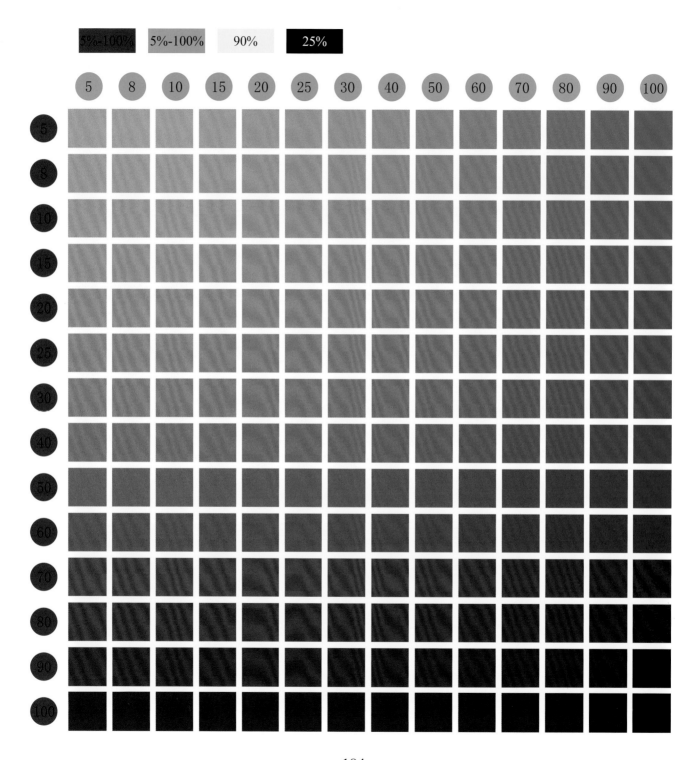

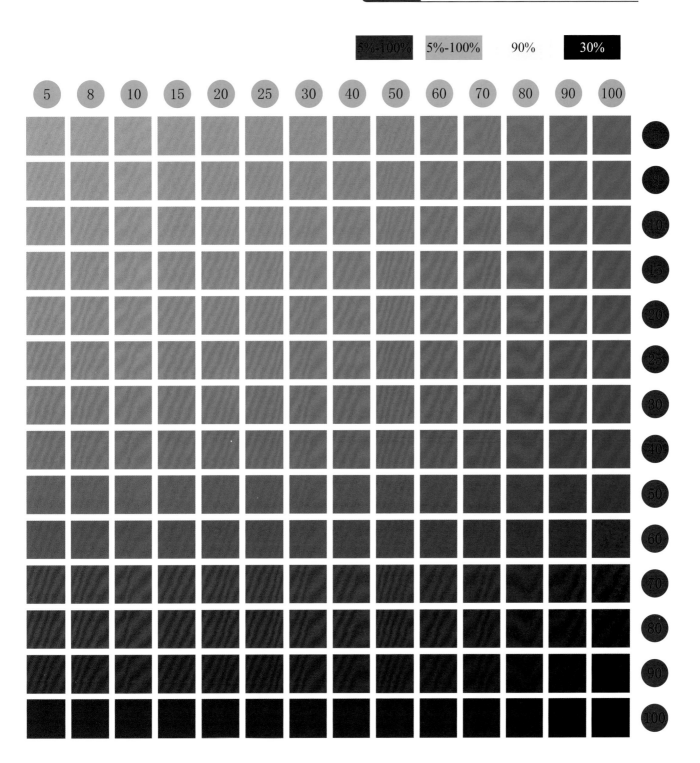

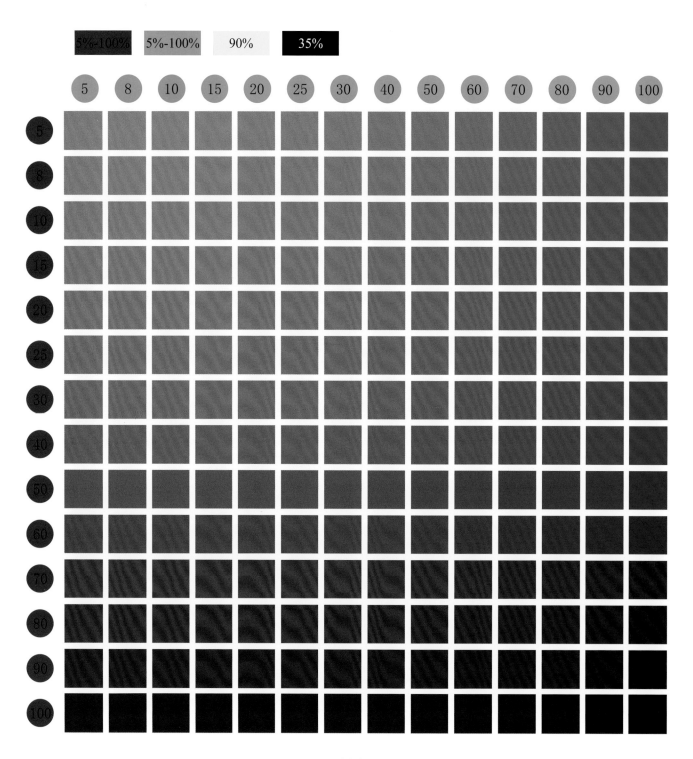

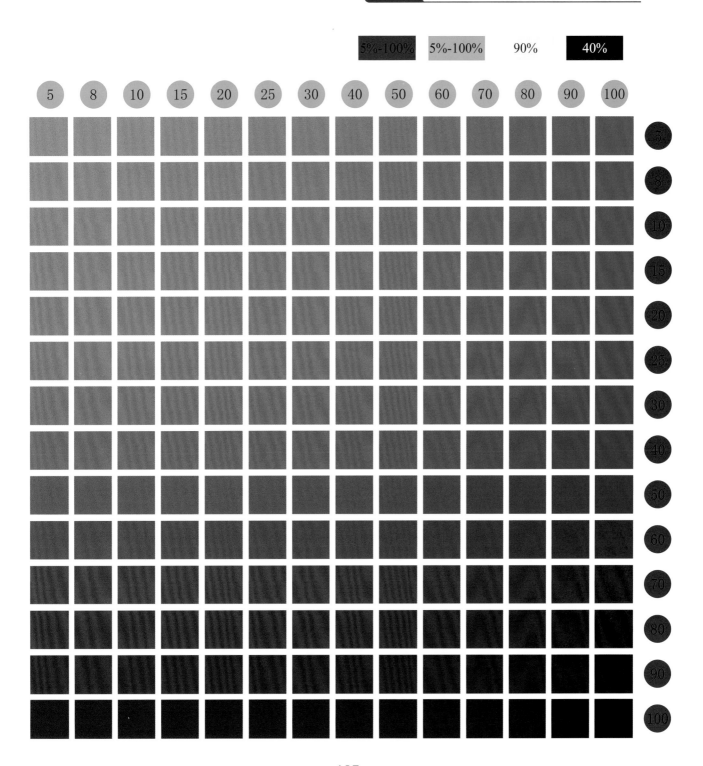

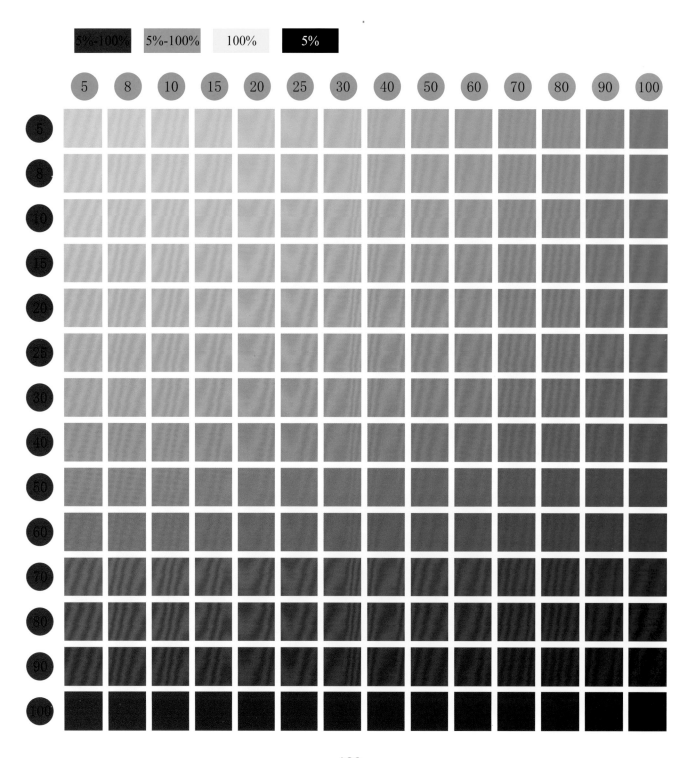

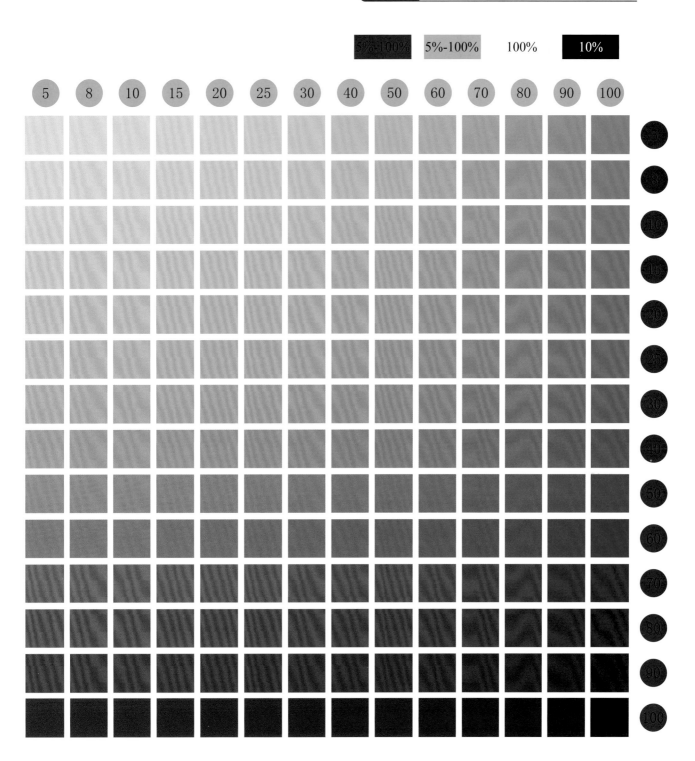

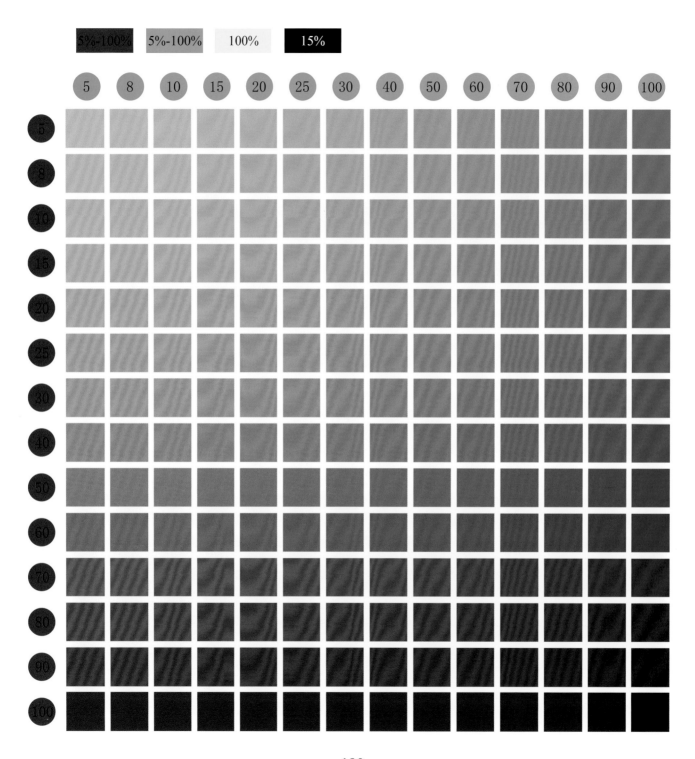

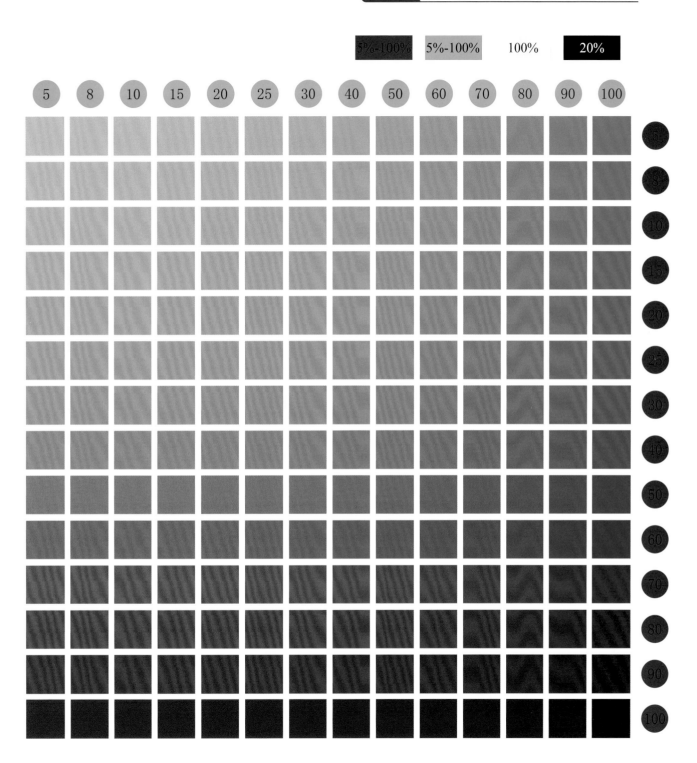

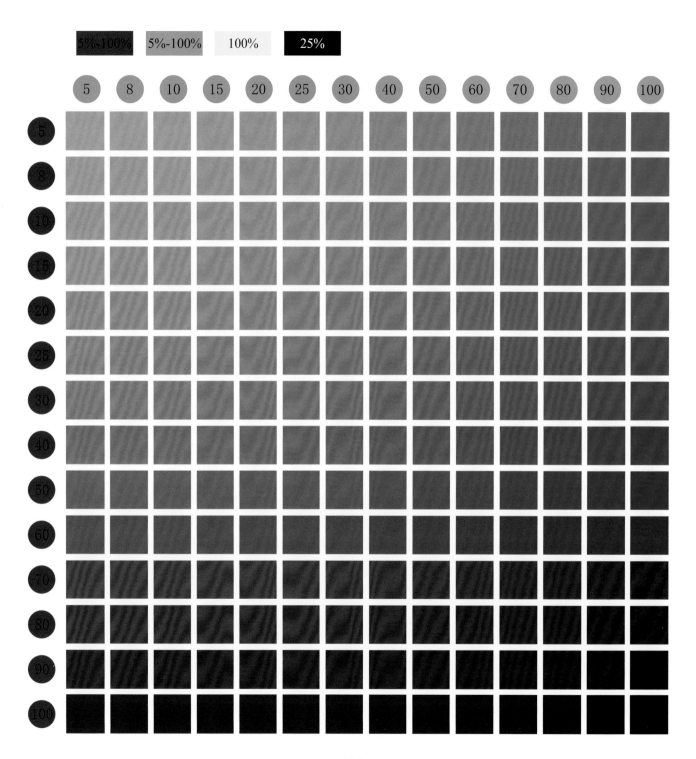

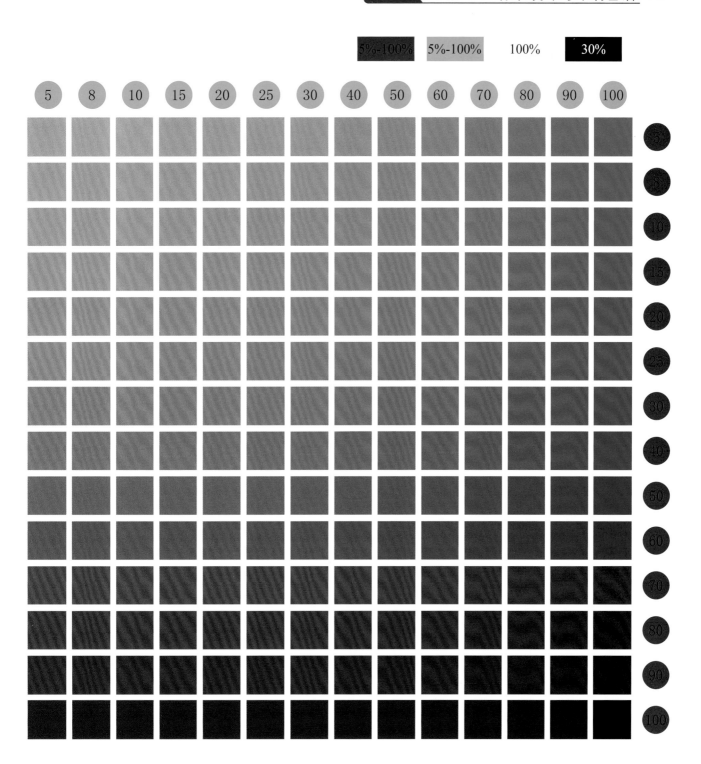

5%-100% 5%-100% 100% 35%

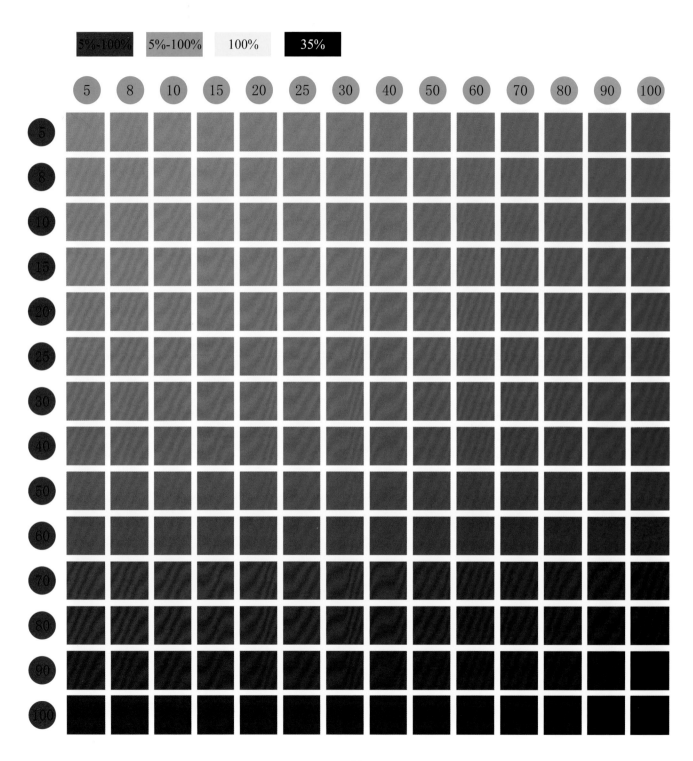

5%-100% 5%-100% 100% 40%

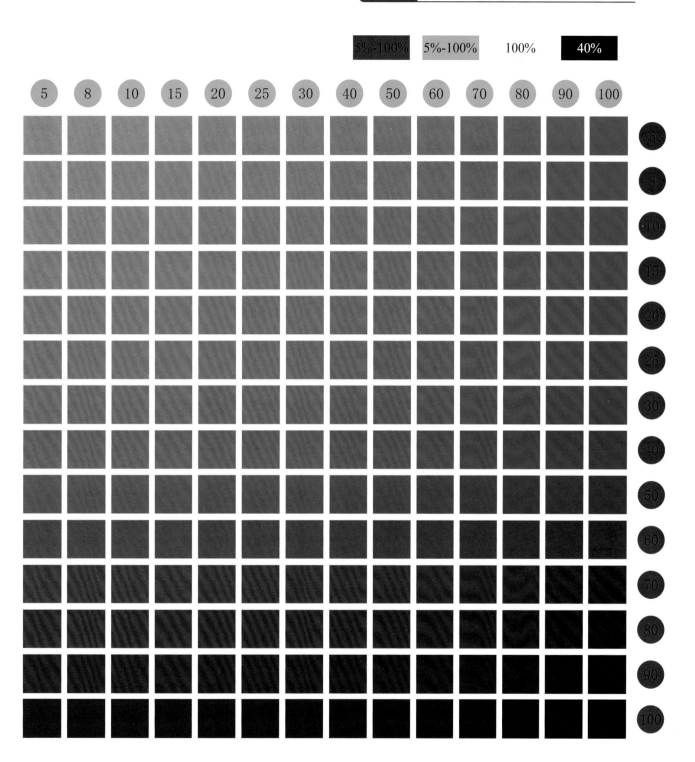

本书编写人员

主　编：刘武辉　吴　莺

参　编：尹　建　王旭红　杨玉春　田乐园　夏文杰

　　　　李建辉　赵书山　王雄文　夏泉源　黄广伟

　　　　方　琳　陈妹琼　刘国经　刘　芳　刘天阳

　　　　韩芷莹